JN065247

366日の美しい昆虫

366 days of the Insects

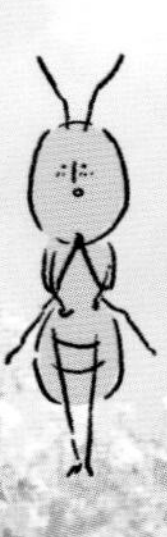

ここは太郎くんの夢の中。

太郎くんは昆虫のことが好きすぎて、

毎晩、昆虫の夢を見ています。

夢の中に登場するのは、

原っぱでよく見かけるチョウやカマキリだけでなく、

はねが透明なチョウや全身が輝くカマキリなど、

太郎くんがまだ見たことのない外国の昆虫もいっぱい！

クロオオアリ
真面目で優しい。

ナナホシテントウ
明るくて積極的。

そんな個性あふれる昆虫たちの特徴を、

アリとテントウムシが1日1匹ずつ紹介します。

太郎くんが夢にまで見た、

世界の昆虫の不思議な魅力をお楽しみください。

この本の読み方

昆虫の名前

昆虫の分類

チョウトンボ

6/1

トンボ目トンボ科

昆虫が
暮らしている地域

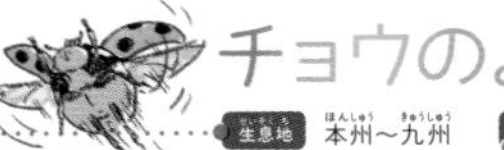

チョウのように舞う

生息地 本州〜九州　大きさ オス：34〜42㎜　メス：31〜38㎜

チョウのようにひらひらと飛ぶチョウトンボ。水生植物の多い平地の池とかに多く生息してるわ。後ろばねが広いのも特徴的ね。その美しいはねは構造色（P12）になってて、オスは青紫に輝くわ。メスは青紫のものもいるけど、緑っぽい金色のものが多いみたい。写真は青紫に輝くメスよ。

交尾は飛びながら数十秒で終えるわ。その後、メスは1匹で水辺を飛びながら腹で水面をたたくように卵を産むんだって。

163

昆虫のおおよその大きさ

●体長
（頭から腹の先までの長さ）

●全長
（頭からはねの先までの長さ）

●前ばねの長さ

昆虫の生息地について

・おおよその生息地を記しています。また、佐渡島、隠岐、伊豆諸島は本州に、対馬、屋久島、種子島などは九州にふくめています。
・日本に多く生息する昆虫は、日本における生息地のみを記しています。
・もともとの生息地（原産地）を記しているため、外来種などについては日本での生息地を記していません。
・以下の島や地域の名前で記すこともあります。

【国外】

アナトリア半島（トルコ）
アンボン島（インドネシア。マルク諸島の島）
インドシナ半島（ベトナム、ラオス、カンボジア、タイ、ミャンマー）
グアドループ諸島（カリブ海にあるフランス領）
ジャワ島（インドネシア）
スマトラ島（インドネシア）
スラウェシ島（インドネシア）
セラム島（インドネシア。マルク諸島の島）
タスマニア（オーストラリア）
ドミニカ島（ドミニカ国）
ナミブ砂漠（ナミビア、アンゴラ、南アフリカ共和国）
ニューギニア島（インドネシア、パプアニューギニア）
バンカ島（インドネシア）
ボルネオ島（インドネシア、マレーシア、ブルネイ）
マルク諸島（インドネシア）
マレー半島（タイ、ミャンマー、マレーシア、シンガポール）
亜熱帯（熱帯と温帯の中間にある地域）
熱帯（赤道付近に広がる一年を通して気温の高い地域）

【国内】

奄美大島（鹿児島県。奄美群島の島）
奄美群島（鹿児島県）
石垣島（沖縄県。八重山列島の島）
西表島（沖縄県。八重山列島の島）
小笠原諸島（東京都）
沖縄島（沖縄県。沖縄本島のこと）
沖縄諸島（沖縄県）
紀伊半島（和歌山県、奈良県、三重県）
喜界島（鹿児島県。奄美群島の島）
トカラ列島（鹿児島県）
南西諸島
（九州の南にある島々の総称。沖縄島などもふくむ）
房総半島（千葉県）
宮古列島（沖縄県）
八重山列島（沖縄県）

昆虫の大きさについて

・基本的に体長を記しています。カブトムシのツノや、クワガタムシの大アゴも体長にふくみます。
・全長を記す場合は「全長」と書き加えています。
・チョウなどは前ばねの長さを記しています。また、オスとメスの大きさなどを分けて記している昆虫もいます。

その他

・日本に生息する昆虫の紹介日は、撮影日や生息時期を考慮しています。海外に生息する昆虫は、紹介日に見られるとは限りません。
・プラチナコガネにはいくつか種がありますが、「プラチナコガネ」という総称で紹介しています。同様にホウセキゾウムシやアカシアアリなど、ほかにも総称で紹介している昆虫がいます。
・クワガタムシは、「クワガタ」と表記しています。
・ゴキブリは「G」と表記しています。
・何度か登場する人名・用語については下記の通りです。

ダーウィン：チャールズ・ダーウィン（1809-1882年）。イギリスの自然史学者。

ファーブル：アンリ・ファーブル（1823-1915年）。フランスの生物学者。

亜種：同じ種でも生息地によって色や形に違いがあり、「異なる集団」と認められるもののこと。例えばヘラクレスオオカブトの場合、ヘラクレス・ヘラクレス（P10）という種に対して、ヘラクレス・オキシデンタリス（P45）は亜種となります。

・アルファベットについては、発音を日本語で表記しにくいものもあるため、ルビをふっていません。

ニジイロクワガタ

コウチュウ目クワガタムシ科

世界一美しいクワガタ

生息地 オーストラリア、ニューギニア島

大きさ オス：36〜70㎜　メス：25〜40㎜

ニジイロクワガタは「世界一美しいクワガタ」といわれています。緑をベースにした体が、写真のように虹色に輝くんです！　クワガタってメスは地味なものが多いんですが、ニジイロクワガタはメスも虹色。自然の中にいると、この輝きが意外と風景に溶け込んで見つけにくいのかもしれませんね。

熱帯雨林に生息していて、主に昼に活動し、性格はおとなしめです。野生では数が多くないため、オーストラリアでは保護されています。

キリンクビナガオトシブミ

コウチュウ目オトシブミ科

首が長いとモテる

生息地 マダガスカル　**大きさ** オス：15〜25㎜　メス：12〜15㎜

キリンクビナガオトシブミは、マダガスカルの固有種。オトシブミとしては最大級で、オスは長い首を使ってケンカをするわよ。どうやら首の長いオスのほうがメスにモテるみたい。メスの首はあまり長くないわ。

オトシブミのなかまは、メスがあしと口で器用に葉っぱを切って筒をつくり、その中に卵を産むの。生まれた幼虫は、筒の中で葉っぱを食べながら成長するわ。キリンクビナガオトシブミのメスは、葉っぱを4時間ほどで巻き上げて、50mmを超える筒を完成させるそうよ。

1/3

ヒメカブト

コウチュウ目コガネムシ科

バトル大会が開かれる

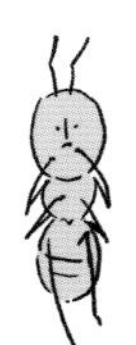

生息地 東南アジア、オーストラリア、ニューギニア島、ソロモン諸島

大きさ オス：30～82㎜　メス：30～50㎜

ヒメカブトは、とても気性の激しいカブトムシです。タイではヒメカブトのオスを闘わせる「メンクワン」という大会が行われています。これは数百年続く伝統行事で、メンクワンの日にはヒメカブトを売る店も並ぶそうです。闘いの舞台は長い筒の上。筒の中にはメスが置かれ、メスが出すフェロモンによってオスたちは興奮してより好戦的になります。ちなみに、ヒメカブトはサトウキビの害虫となるため、生きているものは日本に輸入できません。

ドリスドクチョウ

チョウ目タテハチョウ科

いろいろな色

生息地　メキシコ〜アマゾン川流域　前ばねの長さ　37〜41㎜

はねの色のバリエーションが豊かなドリスドクチョウ。黒地に乳白色の模様がある前ばねはいっしょだけど、後ろばねの模様はメイン写真のように赤かったり、左下写真のように青かったり、緑、オレンジなどさまざま。同じ卵のかたまりからも違った色のものが生まれるそうよ。そうそう、ドクチョウのなかまは、日中に集団をつくったり、夜に集団で眠ったりするわ。ゆっくり飛ぶのは、派手なはねを見せつけて「毒があるぞ」とアピールするためなんだって。ドクチョウに擬態するチョウもゆっくり飛ぶみたいね。幼虫はトケイソウの葉っぱを食べて成長するわよ。

ヘラクレスオオカブト（ヘラクレス・ヘラクレス）

コウチュウ目コガネムシ科

世界最大&人気ナンバーワン

生息地 グアドループ諸島、ドミニカ島

大きさ オス：46〜178㎜　メス：50〜80㎜

ヘラクレスオオカブトは、世界最大のカブトムシです。大きいものは約180mmもあります。名前の由来はギリシャ神話の英雄・ヘラクレス！　まさに最強の昆虫にふさわしいと思いませんか？ ヘラクレスオオカブト同士のケンカでは、体が大きく、ツノが長いオスが勝つことが多いです。ただ、時には小さいものが勝つこともあります。体格だけで勝敗が決まらないのは、どんな生き物もいっしょですね。

ちなみに、前ばねは湿度が低いと黄色っぽく、高いと黒っぽくなります。

アカエリトリバネアゲハ

チョウ目アゲハチョウ科

メスにはなかなか会えない

生息地 マレー半島、スマトラ島、ボルネオ島　**前ばねの長さ** 70～80㎜

鳥のような大きなはねと、赤いえりのような胸をもつアカエリトリバネアゲハ。オスはほぼ一年中見つかるのに、メスはほとんど見つからないそうよ。ミネラルを求めて集団で温泉とかに水を吸いにくるのもオスばかり。そんなこともあって、長い間、「メスは少ない」と思われてたんだけど、飼育したらオスとメスの比率は1対1になることが分かったんだって。メスは木の高い所やジャングルの奥にいて、人が見つけやすい場所に出てこないだけなのかもしれないわね。

1/7

レテノールモルフォ

チョウ目タテハチョウ科

森の宝石

生息地 南アメリカ北部～アマゾン川流域　**前ばねの長さ** 65～85㎜

レテノールモルフォは、特に輝きが強いモルフォチョウよ。モルフォチョウのなかまは、はねが美しく輝くから「森の宝石」って呼ばれるわ。でも、はねを覆うりん粉は無色透明なの。じつはりん粉の表面が特殊な構造をしてて、光が当たると乱反射して青く輝くのよ。この色を「構造色」っていうわ。シャボン玉が虹色に輝いたりするのも構造色なんだって。そうそう、はねの裏側は目玉模様があるだけで地味な色よ。それと、はねが美しいのは一般的にオスだけ。メスのはねは表も裏もたいてい地味ね。レテノールモルフォも、メスのはねは薄茶色よ。

プラチナコガネ

コウチュウ目コガネムシ科

全身キラキラ

生息地 中央アメリカ〜南アメリカ　**大きさ** 約25㎜

プラチナコガネは「キンイロコガネ」とも呼ばれます。光の当たる角度によってプラチナのように白く輝くこともあれば、黄金のように見えることもあるからです。輝く仕組みはモルフォチョウと同じく構造色。金色の色素をもっているわけではありません。また、あしの一部は青く輝きます。現在見つかっているプラチナコガネは、写真の種もふくめて約100種。湿度の高い森に生息し、主に夜行性だと考えられています。ちなみに、プラチナコガネは興奮すると後ろあしを持ち上げることがあるんですが、これが威嚇なのかはまだよく分かっていません。

ホソミオツネントンボ

トンボ目アオイトトンボ科

植物の枝みたい

生息地 本州〜九州　大きさ オス：35〜42㎜　メス：33〜41㎜

この時期、日本には成虫のまま冬を越す昆虫がいるわ。ホソミオツネントンボもその1つ。越冬中は写真のように茶色い体をしてるから、まるで植物の枝みたいね。春まで動かず冬眠してそうなイメージがあるけど、暖かい日には飛んで獲物をとらえることもあるんだって。春になると体の色が変わり、水色になるわ。

そうそう、ホソミオツネントンボには、とまってる時に腹をグニョグニョと上下させる不思議な習性があるそうよ。

ムラサキシジミ

1/10

チョウ目シジミチョウ科

幼虫はアリと協力

生息地 本州（関東地方から南）～南西諸島　**前ばねの長さ** 18～21㎜

ムラサキシジミは、成虫で冬を越すチョウです。写真は1月の暖かい日に撮影されたメス。はねの表側は写真のように青紫色に輝いていますが、裏側は枯れ葉のような茶色です。幼虫はおしりから甘い蜜を出してアリに与え、代わりに敵がくるとアリに守ってもらいます。これはほかのシジミチョウの幼虫でも見られる行動です。

ちなみに、シジミチョウのなかまは小さいものが多く、見た目がシジミ貝に似ていることが名前の由来といわれています。

1/11

ハナカマキリ

カマキリ目ハナカマキリ科

花に似てるのは幼虫だけ

生息地 東南アジア　**大きさ** 成虫のオス：約35㎜　成虫のメス：約70㎜

写真は花にそっくりなハナカマキリの幼虫よ。これは獲物に気づかれないための擬態。ハナカマキリは、花だと思い込んで近づいてくるミツバチとかをつかまえて食べるの。この時、ミツバチを誘うフェロモンを出してるっていうんだからビックリよね。見た目とにおいで獲物をおびき寄せてるってわけ。でも、花に似てるのは幼虫の一時期だけ。成虫になると茶色い模様のある白っぽい体になって、獲物をとらえる時は身をひそめて襲うようになるわよ。

そうそう、生まれたばかりの幼虫は赤と黒の体で、花に似てないんだって。

マルムネカレハカマキリ

カマキリ目カマキリ科

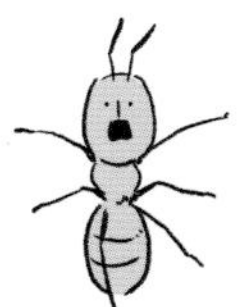

全身枯れ葉

生息地 東南アジア　**大きさ** 70〜80㎜

落ち葉の上にいることが多いマルムネカレハカマキリ。胸の一部が大きく丸みを帯びていて、この部分が枯れ葉そっくり！　はねも枯れ葉に似てるので、かなり見つけにくいそうです。色は1匹ずつ違いがあり、黄色っぽいものや灰色っぽいものもいます。また、同じ地域には胸がひし形に見えるヒシムネカレハカマキリもいます。一般的な昆虫は卵を産むと立ち去ってしまうんですが、この2種のメスは産卵後もその場に残り、卵を守る習性があります。ちなみに、写真のマルムネカレハカマキリは楽しそうに見えますが……威嚇してる瞬間です。

1/13

サカダチゴミムシダマシ

コウチュウ目ゴミムシダマシ科

水が欲しい！

生息地 ナミブ砂漠　**大きさ** 約15㎜

雨がほとんど降らない砂漠に生息するサカダチゴミムシダマシ。彼らは、海からの水蒸気によって霧が出る早朝、逆立ちになってじっとします。この体勢で霧を浴びると、水滴が口のほうへ流れ落ちてきて飲めるからです。水が流れ落ちやすいように、前ばねには何本もみぞがあります。また、水滴がつきやすいように、体の表面は細かい粒で覆われています。完全に霧を集めるのに特化した体ですね！　そのため「キリアツメ」とも呼ばれます。サカダチゴミムシダマシの体を参考にして、砂漠で効率的に水を集めるアイテムも開発されているそうです。

ナンベイオオタマムシ

コウチュウ目タマムシ科

大きな輝き

生息地 中央アメリカ～南アメリカ　**大きさ** 50～60㎜

ナンベイオオタマムシは、50mm以上ある大きなタマムシよ。50mmっていうと、単三電池の長さと同じくらいね！　ヤマトタマムシ（P260）が25～40mmだから、かなり大きいって分かるでしょ？

タマムシのなかまは、世界に約1万5000種、日本には約220種生息してるわ。世界最大級のタマムシは、インドやジャワ島に生息するオオルリタマムシ。体長は約70mm。タバコの長さくらいね！　インドではオオルリタマムシのはねを、女の子の額につけて飾りにすることもあるんだって！

1/15

シロスジオオツノカナブン

コウチュウ目コガネムシ科

いろんな白スジ

生息地 アフリカ東部～南部　**大きさ** オス：26～54㎜　メス：28～45㎜

写真は体に白いスジがあるシロスジオオツノカナブンのオスです。スジの通り方は1匹ずつ異なり、地域によっても色や模様が変わります。オスは頭にT字型の突起をもち、メスは頭がカナブン（P248）のように四角い形をしています。

ちなみに、カナブン、カブトムシ、クワガタなどのように、かたい前ばねをもつ昆虫を「甲虫」といいます。昆虫とは、頭、胸、腹の3つに分かれた体をもち、はねが4枚、あしが6本ある虫のこと。甲虫は昆虫の一部です。また、「虫」というと、昆虫以外にクモやダンゴムシなどもふくむことが多いです。

ホウセキゾウムシ

コウチュウ目ゾウムシ科

食べにくいアピール

生息地 ニューギニア島　**大きさ** 約25㎜

英語でも「Jewel weevil(宝石のようなゾウムシ)」って呼ばれるホウセキゾウムシ。たくさんのなかまがいて、左上写真みたいに模様や色もさまざまよ。「派手だと敵に見つかりやすそう」って思うでしょ?　でもね、体がすごくかたいからわざと目立って「食べにくい虫だぞ」ってアピールしてると考えられてるの。派手な模様にも、たぶんちゃんと意味があるのよね。

そうそう、ゾウムシは身の危険を感じると地面に落ちて死んだふり(擬死)をする種が多いんだけど、体が大きいホウセキゾウムシはあまり擬死をしないそうよ。

モモブトオオルリハムシ

コウチュウ目ハムシ科

世界最大のハムシ

生息地 マレーシア　**大きさ** 30～35㎜

ハムシのなかまって10mm以下のものが多いんですが、モモブトオオルリハムシは30mm以上！　世界最大のハムシです。つかまえようとすると、アスリートの太ももみたいな後ろあしで跳んで逃げてしまいます。このあしがカエルのようにも見えるので、英語では「Flog legged leaf beetle(カエルあしのハムシ)」と呼ばれます。後ろあしの内側にはトゲがあり、体を触ろうとするとあしを上げてはさんでくるので気をつけてくださいね。メイン写真はメス、右下写真はオスです。オスの後ろあしのほうが太くて長いんですけど、分かりますか？

セイドウブローチハムシ

コウチュウ目ハムシ科

永遠の輝き？

生息地 中央アメリカ〜南アメリカ　**大きさ** 15〜20㎜

美しく輝くため、先住民が装飾品に使っていたともいわれるセイドウブローチハムシ。日本のジンガサハムシ（P197）とかに近いなかまよ。ジンガサハムシは死ぬと金色の輝きを失っちゃうんだけど、セイドウブローチハムシは死んでもエメラルド色に輝き続けるからすごいわよね。ほかにも中央・南アメリカには、いろんな形や模様のブローチハムシがいるわよ。

そうそう、ハムシは漢字で「葉虫」。英語でも「Leaf beetle（葉っぱの甲虫）」よ。その名の通り、植物の葉っぱなどを食べて暮らしてるわ。

1/19

エチアスニジイロシジミタテハ

チョウ目シジミタテハ科

裏は青く輝く

生息地 ペルーなど　**前ばねの長さ** 約21㎜

エチアスニジイロシジミタテハのはねは、表側が紫っぽい黒で、赤い帯が縦に通っています。一方、はねの裏側は青い宝石のように輝き、見る角度によって色が変わります。朝方、湿った石の上などにはねを広げてとまっていることがあるそうです。

ちなみにシジミタテハのなかまは、ガのように葉っぱの裏にはねを開いてとまるものが多く、いまだに謎が多いチョウです。90%以上が南アメリカに生息しています。

ヘラクレスサン

1/20

チョウ目ヤママユガ科

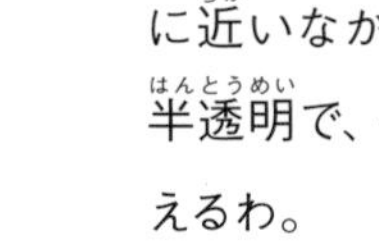

はねの面積が世界最大

生息地 ニューギニア島、オーストラリア　**前ばねの長さ** 約120㎜

ヘラクレスサンは、はねの面積が世界最大のガよ。日本のヨナグニサン（P243）に近いなかまで、ヨナグニサンより一回り大きいわ。はねにある三角形の模様は半透明で、後ろが透けて見えるそうよ。成虫には口がなくて、1週間ほどで命を終えるわ。

写真はオスよ。メスはもう少し後ろばねが太く、尾状突起（後ろばねの先にある突起）が短いわ。そうそう、幼虫は青くて、体にはやわらかいトゲがたくさんあるんだって。

1/21

バラトゲツノゼミ

カメムシ目ツノゼミ科

枝のトゲ？

生息地　中央アメリカ〜南アメリカ　　大きさ　約13㎜

虹のように彩り豊かなバラトゲツノゼミ。右下写真のようにたくさん集まると枝のトゲにも見えます。これも立派な擬態なのかもしれませんね。

ツノゼミのツノは、胸が大きく発達したもの。頭ではありません。最近の研究では、はねの遺伝子が働いてツノになったとも考えられています。トビイロツノゼミ（P127）のように、ツノがほとんどない種もいますけどね。ちなみに、ツノゼミのメスは卵を産んだあと、卵や生まれてきた幼虫たちを守り続けます。

ニジイロホウセキ
ヒメゾウムシ

コウチュウ目ゾウムシ科

鼻じゃないゾウ

生息地 中央アメリカ　**大きさ** 4.5～7㎜

写真は、植物の茎に逆さ向きでつかまっているニジイロホウセキヒメゾウムシよ（左側が頭）。ゾウムシの特徴は、なんといっても長い鼻！　……ではなくてじつはこれ、頭の一部が伸びた口（口吻）なの。ゾウムシの口は食べる以外に、植物の実とかに産卵用の穴をあけるのにも使われるわ。昔は植物の内側を食べるためだけに長かったんだけど、進化するにつれてメスが口を使って植物に穴を掘って、そこに産卵管を伸ばして産卵するようになったの。だから口の長いゾウムシほど、産卵管も長いと考えられているわ。

1/23

エラフスホソアカクワガタ

コウチュウ目クワガタムシ科

牙みたいなアゴ

生息地 スマトラ島　大きさ オス：30〜109㎜　メス：26〜37㎜

エラフスホソアカクワガタの緑と金が混ざったメタリックな体は、神々しさすら感じさせるわよね。その輝きは赤みが強かったり弱かったり、1匹ずつ微妙に違うんだって。写真のオスは赤みが強いわね。そうそう、ほかのホソアカクワガタのなかまも、メタリックに輝くものが多いわよ。

長い大アゴは、オス同士で争う時やメスを守る時に使うわ。その立派な大アゴにちなんで、以前は「エラフスオオキバクワガタ」って呼ばれてたの。「エラフス」はシカという意味よ。そういわれると、シカのツノに見えてくるわね。

コーカサスオオカブト

1/24

コウチュウ目コガネムシ科

武闘派カブト

生息地 インド、東南アジア　**大きさ** オス：50〜133㎜　メス：50〜75㎜

コーカサスオオカブトは、気性が激しくて力も強いアジア最大のカブトムシよ。ツノを使って投げ飛ばすだけじゃなくて、胸と前ばねの間にあるみぞ（左下写真の赤丸）で相手のあしをはさんで切っちゃうこともあるんだって！　海外のカブトムシはこの部分が凶器になる種が多いから、触る時は気をつけてね。

好戦的なコーカサスオオカブトだけど、標高1000m以上の所にいるから暑いのが苦手。普段はヤシの木などをかじって、そこから流れる樹液をなめて暮らしてるわ。強いのに肉食じゃないとか、そういうギャップも魅力的よね。

1/25

ユウレイヒレアシナナフシ

ナナフシ目ナナフシ科

幽霊みたいにゆ〜らゆら

生息地　オーストラリア（クイーンズランド）、パプアニューギニア

大きさ　約150㎜

写真はユウレイヒレアシナナフシの幼虫。幅のあるヒレのような形のあしが特徴です。葉っぱや枝をつかみながらゆれるのは、風にゆれる枯れ葉をまねしてるのかも。その様子を見れば「ユウレイ」って名前もうなずけますね。サカダチコノハナナフシ（P44）に似て体は大きく、なぜか腹をいつも丸めています。

ちなみに、メスは交尾をせずに卵を産むことができます。これを「単為生殖」といいます。ナナフシのなかまって、単為生殖する種がいくつかいるんです。

ケンランカマキリ

カマキリ目ケンランカマキリ科

世界一美しいカマキリ

生息地 東南アジア　**大きさ** 約30㎜

ケンランカマキリはまさに豪華絢爛！　その輝きから「世界一美しいカマキリ」って呼ばれるわ。まぁ、自然の中にいたら意外と目立たないって可能性もあるけどね。平べったい体で動きがすばやくて、やっと見つけてもあっという間に葉っぱの裏に隠れちゃうんだって。

メイン写真は成虫のメス、右上写真は幼虫のオスよ。ケンランカマキリのオスは、メスと違って成虫になると全身が青く輝くわ。

1/27

ヴィンデクスニジダイコクコガネ

コウチュウ目コガネムシ科

地球をお掃除

生息地 アメリカ合衆国　**大きさ** オス：約21.5㎜　メス：約20㎜

動物のフンを食べるコガネムシを「糞虫」っていうわ。糞虫は動物のフンのにおいに引き寄せられて飛んでくるんだけど……「汚い」なんて言わないでね！　糞虫がフンを食べるおかげで、森や牧場とかがフンまみれにならずに済んでるんだから。地球をお掃除してくれてるのよ。

ヴィンデクスニジダイコクコガネも糞虫の1種。ニジダイコクコガネのなかまはアメリカ大陸に生息する糞虫で、オスの頭にツノがあるの。種によっては胸（前胸背板）にも突起やデコボコがあって、大きいと50mmを超えるものもいるわよ。

アミドンミイロタテハ

1/28

チョウ目タテハチョウ科

ジャングルの青いイナズマ

生息地 メキシコ～ボリビア　**前ばねの長さ** 約75㎜

チョウは一般的にオスが派手でメスは地味ですが、ミイロタテハのなかまはどちらも派手な美しい色をしています。また、同じ種でも色や模様にさまざまな違いがあります。飛ぶスピードが速く、現地では「ジャングルの青いイナズマ」と呼んだりするそうです。

アミドンミイロタテハはミイロタテハの1種。地域によって見た目に違いがあり、多くの亜種（P5）がいます。メイン写真では表側のはねが、左下写真では裏側が見えています。チョウって、はねを閉じている時に見えるのは裏側なんですよね。

1/29

ベニスカシジャノメ

チョウ目タテハチョウ科

絶対見つけにくい

生息地 中央アメリカ〜南アメリカ　**前ばねの長さ** 28〜33㎜

ベニスカシジャノメは、後ろばねの目玉模様と赤色（紅色）の部分以外はスッケスケ！　とまってると見つけにくいし、飛んでてもチョウには見えなさそうね。薄暗いジャングルに生息してるから、なおさら探しにくそう……。熱帯に生息するジャノメチョウのなかまは、薄暗い所が好きなのよね。

そうそう、後ろばねの目玉模様は、鳥などの敵に頭の位置を錯覚させるためだと考えられてるわ。

ネプチューンオオカブト

1/30

コウチュウ目コガネムシ科

「海の神」だけど……

生息地　ベネズエラ、コロンビア、エクアドル、ペルー

大きさ　オス：55～160㎜　メス：50～75㎜

長いツノが2本、短いツノが2本あるネプチューンオオカブト。頭の長いツノは写真の右部分、胸の長いツノは左部分よ。カブトムシって、胸も頭に見えるから不思議だわ……。名前の由来は、ローマ神話に登場する海の神・ネプチューン。でも、生息地は標高1500～2500mの山のほうなのよね。海、関係ないじゃん！そんな高い所で暮らすくらいだから、暑いのがちょっと苦手。「カブトムシ＝夏」ってイメージが強いけど、意外と暑さに弱いのよね。

1/31

オオゴマダラ

チョウ目タテハチョウ科

黄金のさなぎ

生息地 奄美群島（喜界島）から南　**前ばねの長さ** 65～75㎜

メイン写真は金色に輝くオオゴマダラのさなぎです。大きさは約32mm。オオゴマダラやオオカバマダラ（P77）のように、毒をもつ「○○マダラ」はさなぎが輝く色をしています。

オオゴマダラは日本最大級のチョウです。白いはねにゴマのような模様があり、木々の間をふわふわと飛ぶ優雅な姿から「Tree nymph（木の妖精）」と呼ばれることも。日本以外にも東南アジアや台湾などに生息しています。ちなみに、オスはヘアペンシル（腹の先）からにおいを出して、メスを引きつけます。

待ち合わせ（1）

どうやら今日は
世界最大の
カブトムシが
くるらしい

まっ！
でかいっていっても
あせることはない
でかいだけで
おくびょうかもだしね
ガハハハハハー

ってか
いつくんのかなー
おそいなー
いや
もういるよ

でっ…
でかぁ…

2/1

テングビワハゴロモ

カメムシ目ビワハゴロモ科

テングの鼻みたい

生息地 インド〜インドシナ半島　**大きさ** 約40㎜

テングの鼻のような長い突起が頭にあるテングビワハゴロモ。さまざまな種が生息していて、左下写真のように頭が青っぽいものもいます。また、はねの色や模様が違う種もいて、最近も新種が次々と発見されているそうです。

ビワハゴロモのなかまは、ほかにも頭が龍の顔のようなリュウノカオビワハゴロモや、頭がノコギリのようなノコギリビワハゴロモなど、ユニークな形のものがいっぱいです。その多くは見た目がセミに似ていますが、セミとは違い、幼虫が木の上で暮らすものもいます。

パプアキンイロクワガタ

コウチュウ目クワガタムシ科

通称「パプキン」

生息地 ニューギニア島　**大きさ** オス：24～54㎜　メス：19～26㎜

虫好きの間で「パプキン」と呼ばれるパプアキンイロクワガタ。金、緑、青などさまざまな色のバリエーションがあるわよ。

生息地は標高1000mを超える高地。クワガタは夜行性が多いけど、パプキンは昼に活動するわ。オスは前あしにナイフみたいな突起があって、それを使ってキク科の植物を切って汁を吸うわよ。でも、メスにはその突起がないのよね。だからオスが切った汁をもらいにくるの。その時がオスにとって最大のチャンス！　メスがそばで汁を吸ってる間に交尾をするんだって。

2/3

メガネトリバネアゲハ

チョウ目アゲハチョウ科

はねを開くとサングラス？

生息地 インドネシア（マルク諸島）〜オーストラリア　**前ばねの長さ** 77〜106㎜

右の2つの写真のように、はねを開くとサングラスのようにも見えるメガネトリバネアゲハ。学名にある「*Ornithoptera*」は「鳥のはね」という意味。トリバネアゲハのなかまの特徴である、大きなはねにちなんだものです。主に朝と夕方に活動し、日差しの強い日中は葉っぱにとまっています。また、オスは後ろばねの内側にある毛からにおいを出してメスを引き寄せます。

ちなみに、メガネトリバネアゲハのなかまは地域によってはねの色が違い、緑色（メイン写真）、青色（右写真の上）、赤色（右写真の下）のグループがあります。

フクロウチョウ

チョウ目タテハチョウ科

フクロウじゃない？

生息地 南アメリカ　**前ばねの長さ** 約65㎜

はねの模様がフクロウに見えるフクロウチョウ。目玉の周りの模様までフクロウっぽさがあるわよね。でも、じつはフクロウじゃなくて、トカゲやカエルのまねをしてると考えられてるの。フクロウチョウの天敵であるトカゲは、自分より大きいトカゲを見つけると逃げるから、それに擬態してるんじゃないかって……。とはいえ、フクロウチョウは熱帯雨林の奥に生息してるから、まだ分からないことが多いの。

そうそう、フクロウチョウにはいくつかなかまがいて、左下写真はキオビフクロウチョウを逆さに撮ったものよ。……やっぱりフクロウにそっくりね！

2/5

ニセハナマオウカマキリ

カマキリ目ヨウカイカマキリ科

魔の花

生息地 東アフリカ　大きさ オス：約100mm　メス：約130mm

メイン写真は、威嚇するニセハナマオウカマキリの幼虫で、右下写真は成虫のメスです。獲物を探す時は枝にぶらさがり、内側が赤と白に彩られたカマを広げて待ちぶせます。獲物にとっては……まさに魔の花ですね。また、自分が敵に襲われそうになるとカマを広げて威嚇します。

ちなみに、日本には13種、世界には約2400種のカマキリが生息しているといわれます。ほとんどは日本のカマキリに似た姿をしていますが、暑い地域には変わった姿のカマキリも多いです。

ヒョウモンカマキリ

2/6

カマキリ目ハナカマキリ科

意外に小さい

生息地 東南アジア　大きさ オス：約20㎜　メス：約35㎜

花の上でチョウなどを待ちぶせてとらえるヒョウモンカマキリ。植物が密集する所だと、緑と白のまだら模様の体は風景に溶け込むのよね。チョウはカマキリがいるって気づかずに近づいちゃうんじゃないかしら。写真はオレンジ色の後ろばねを開いて威嚇してる瞬間よ。大きく見えるかもしれないけど、体長は40mmもないの。40mmって一円玉2つ分ほどよ。オスはもっと小さくて、よく飛ぶわ。

そうそう、カマキリって名前は「カマをもったキリギリス」を略したものだと考えられてるんだって。そこまでキリギリスには似てない気もするけどね。

2/7

サカダチコノハナナフシ

ナナフシ目コノハムシ科

触るな危険

生息地 マレー半島　**大きさ** オス：約100㎜　メス：最大180㎜

サカダチコノハナナフシは、逆立ちする巨大なナナフシよ。威嚇する時は「シュー」って音を出して、上にあげた後ろあしで相手をはさもうとするわ。あしをふくめ体にいっぱいトゲがあるから、触ったらかなり痛そう……。でもね、はねが退化して短いから飛ぶことはできないの。見た目も葉っぱに似てることを考えると、その場で身を守ることに専念したのかもしれないわね。

……と、ここまで紹介した特徴は全部メスの話。オスはメスより体が小さくて、飛ぶこともできるわ。

ヘラクレスオオカブト（ヘラクレス・オキシデンタリス）

2/8

コウチュウ目コガネムシ科

いろんなヘラクレス

生息地 パナマ東部、コロンビア西部、エクアドル北西部

大きさ オス：70～156㎜　メス：55～70㎜

　ヘラクレスオオカブトには、いくつか種類があります。1月に紹介したのは、一番有名なヘラクレス・ヘラクレス（P10）。ヘラクレス・オキシデンタリスは胸のツノ（一番長いツノ）が細く、頭のツノの手前にある突起（左下写真の赤丸）は1つだけ。ヘラクレス・ヘラクレスとは別の地域に生息しています。ちなみに、世界に1600種ほどいるカブトムシのうち、1000種以上はツノがありません。コガネムシ（P184）のような形をしてるんです。立派なツノをもつカブトムシって、じつはめずらしいんですね。

2/9

ペレイデスモルフォ

チョウ目タテハチョウ科

熱を逃がす輝き

生息地 中央アメリカ〜南アメリカ北部

前ばねの長さ オス：61〜73㎜　メス：78〜80㎜

ペレイデスモルフォは、林の周りの明るい場所を好み、地面に落ちている果物などに集まります。はねは構造色（P12）になっていて、光をよく反射するため、日が当たっても体温が極端に上がらずに済むんです。

ちなみに、「モルフォ」とは、ギリシャ神話の夢の神・モルフェウスが由来という説もあります。確かに夢のような美しさですね。ブラジルではモルフォチョウのはねを使って、アクセサリーをつくることもあるそうです。

サルオガセギス

2/10

バッタ目キリギリス科

まねる＆食べる

生息地 中央アメリカ～南アメリカ北部　大きさ 約80㎜

「サルオガセ」とは、湿度の高い森の木に生えるコケのなかま。サルオガセに似たキリギリス科の虫が、サルオガセギスよ。どこにいるか分からないくらい、完璧に擬態してるでしょ？　擬態するだけじゃなくて、サルオガセを食べてるそうよ。体にはかたくて鋭いトゲがあるわ。

そうそう、南アメリカにはヨロイゴケに擬態するヨロイコケギス、東南アジアには木に生えたコケに擬態するヒラタコケギスとかも生息してるわよ。

2/11

ヤマママユ

チョウ目ヤママユガ科

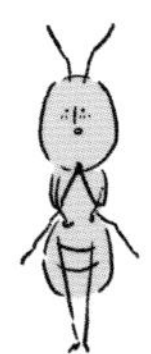

高級な糸になる

生息地 北海道〜南西諸島（奄美大島、沖縄島）　**前ばねの長さ** 65〜85㎜

メイン写真はヤママユのまゆです。ヤママユは「天蚕」とも呼ばれ、まゆから糸がとれます。これはカイコの糸より高級なんだそう。成虫には口がなく、寿命は1週間ほど。はねの色は黄色、赤茶色、こげ茶色など個体差があります。

ちなみに、ファーブルは70歳頃（1890年代）からオオクジャクヤママユの研究を始め、メスがオスを引き寄せるにおいを出していることに気づきます。現在はこのにおいが「フェロモン」という物質であることは常識となっていますが、ファーブルは100年以上前にこの存在をつきとめていたんです！

ゴマダラチョウ

2/12

チョウ目タテハチョウ科

変身しながら身を守る

生息地 北海道〜九州

大きさ 幼虫：約39㎜　成虫の前ばねの長さ：35〜42㎜

白黒模様のはねをもつゴマダラチョウ。花の蜜じゃなく、クヌギやコナラの樹液を吸ったり、腐った果物にも集まるわ。幼虫で冬を越すから、この時期は枯れた植物みたいな色をして、落ち葉の裏に隠れてるの。春になると今度は緑色に変わって、さなぎも葉っぱのような緑色になるわ。とにかく隠れながら身を守ってるのね。オオムラサキ（P214）やアカボシゴマダラ（P325）の幼虫も、ゴマダラチョウの幼虫に見た目が似てて、季節によって色が変わるわよ。

2/13

ナンベイオオヤガ

チョウ目ヤガ科

前ばねの長さが世界一

生息地 南アメリカ　**前ばねの長さ** 120〜140㎜

ナンベイオオヤガは、前ばねが世界一長いガです。日中は熱帯雨林の木にはねを広げて溶け込むようにとまっていて、1本の木に何匹もいることがあります。時には街に飛んでくることもあるそうです。左右両方のはねの長さをあわせると約300mm。道を歩いている時にそんなガに出会うなんて……日本ではありえない光景ですね。はねの表側は木の皮に似ていますが、裏側は黒っぽい紫色に輝いています。

ちなみに、ヤガのなかまは数が多く、世界に3万5000種以上も生息しています。

アトラスオオカブト

コウチュウ目コガネムシ科

コーカサスとの違いは？

生息地 インド、インドネシア、フィリピン

大きさ オス：42〜108㎜　メス：40〜64㎜

ギリシャ神話に登場する巨人・アトラスにちなんで名づけられたアトラスオオカブト。コーカサスオオカブト（P29）より少し小さいんだけど、中には大きなアトラスや小さなコーカサスもいるから……真ん中のツノに突起があるのがコーカサス（左下写真）、突起がない（もしくはゆるやかにこんもりしている）のがアトラスって思えばいいかもね。あっ、写真のアトラスはおとなしそうに見えるかもしれないけど、実際は気性が激しくてケンカすることが多いわよ。

2/15

オオキバウスバカミキリ

コウチュウ目カミキリムシ科

まるでクワガタ!?

生息地 南アメリカ北部　大きさ オス：59～160㎜　メス：60～115㎜

威嚇する時に巨大な大アゴを振り上げるオオキバウスバカミキリ。カミキリムシの中で最も大アゴが発達してて、植物の枝を切り落とすほどの力があるそうよ。

そうそう、20世紀の初め頃にはオオキバウスバカミキリなどのはねを参考にして、羽ばたく飛行機をつくろうとしたフランスの設計家もいたんだって。残念ながら実現しなかったみたいだけどね……。ほかにも南アメリカには、世界最大のカミキリムシであるタイタンオオウスバカミキリが生息してるわ。体長は最大で200mm近くにもなるそう。大人の手のひらサイズのカミキリムシね！

サシハリアリ

ハチ目アリ科

ピストル級の痛み

生息地 中央アメリカ〜南アメリカ　**大きさ** 働きアリ：25〜30㎜

毒をもつアリが多い南アメリカ。その中でも、体が大きく「世界一強い毒をもつアリ」といわれるのがサシハリアリです。活発に動き回るのは夜。獲物を見つけると、毒針を使って動きを止めてから、大アゴでかみ砕いて運びます。この毒針、人間が刺されるとピストルで撃たれたような痛みがあるため、「Bullet ant（弾丸アリ）」と呼ばれることも……。絶対に刺されたくないですよね。

ちなみに、世界にアリは約1万3300種、日本には約300種が生息しています。

2/17

ヒカリコメツキ

コウチュウ目コメツキムシ科

ホタルみたいに光る

生息地 中央アメリカ～南アメリカ　**大きさ** 20～40㎜

ヒカリコメツキは、胸の両側にある発光器から光を放ちます。ルシフェリンという物質に、酵素を反応させて光を生み出し、仲間同士でコミュニケーションをとってるんです。生息地では、原住民が足の指に巻きつけて、夜道を歩くのに使ったんだとか。幼虫も光を放ち、その明るさにおびき寄せられた小さな昆虫をつかまえて食べます。ちなみにコメツキムシは、あおむけの状態から起き上がる際、バチンと音をたてて跳ね上がります。この習性を、米をつく様子にたとえたのが名前の由来です。「米につく虫」じゃないんですね。

シュモクバエ

ハエ目シュモクバエ科

2/18

目つきが長い

生息地 東南アジア、アフリカ　大きさ 約5〜8㎜

頭から飛び出た長い突起が特徴的なシュモクバエ。この部分が、鐘をたたくT字型の仏具（撞木）に似てるのが名前の由来だわ。突起の先端にある赤い部分が眼（複眼）で、左下写真の赤丸部分が触角よ。オスはこの突起をぶつけ合って争うわ。この時、突起の短いほうが先に逃げることが多いんだとか。ほとんど同じ長さだと、本格的なケンカになっちゃうこともあるんだって。

そうそう、シュモクバエはハエの中では寿命が長くて、1年近く生きた記録もあるそうよ。沖縄県の島には、突起が短いヒメシュモクバエも生息してるわ。

2/19

タマオシコガネ

コウチュウ目コガネムシ科

フンコロガシ

生息地 中東、北アフリカ、フランス、アジアの一部　**大きさ** 26〜40㎜

糞虫（P32）の中でも、丸めたフンを逆立ち姿で転がすものを「フンコロガシ」と呼びます。転がすフンの玉は、体重の20 〜30倍にもなるそうです。

タマオシコガネはフンコロガシの1種。古代エジプトでは「太陽を運ぶ神の化身」として崇められていました。メスは自分が食べるためだけでなく、卵を産むためにフンを丸めます。やがてフンの中で生まれた幼虫は、フンを食べて成長します。ちなみに、ファーブルは学生時代にフンを転がすタマオシコガネを見て感激し、以後、馬のフンを何時間も観察するなどして研究を続けたそうです。

センストビナナフシ

2/20

ナナフシ目ナナフシ科

おめでたい威嚇

生息地 マレーシア　**大きさ** 約85㎜

写真は、黄色い後ろばねを広げたセンストビナナフシです。これは身に危険を感じた時の威嚇。黄色と黒は警告色なんですが……扇子みたいでおめでたい感じがしますね。ちなみにナナフシのなかまは、敵に襲われると自分であしを切って逃げることがあります。これを「自切」といいます。カニが自分であしを切ったり、トカゲが自分でしっぽを切るのといっしょです。しかも幼虫が自切した場合は、脱皮を重ねるごとに少しずつ新しいあしが再生して生えてくるんだそう。傷つくなら若いうちがいいってことですね。

2/21 マレーテナガコガネ

コウチュウ目コガネムシ科

長いのは「あし」

生息地 マレー半島　**大きさ** オス：47〜72㎜　メス：44〜63㎜

オス同士が向かい合うと、長い前あしを振り上げて相手を威嚇するマレーテナガコガネ。でもその長さに差があると、短いほうが闘わずに逃げちゃうことが多いみたい。前あしはメスを抱え込むのにも使われるわ。

コガネムシのなかま（コガネムシ科）の中で前あしの長い種は、細い木を歩くのが上手なの。マレーテナガコガネも、すばやく木の上を動き回るわよ。ブラシみたいに毛が集まってる口は、樹液をなめるのに最適！　この口はカブトムシもいっしょだわ。カブトムシもコガネムシ科だからね。

マレーマルムネカマキリ

2/22

カマキリ目カマキリ科

葉っぱみたいな丸い胸

生息地 マレーシア、インドネシア　大きさ 約100㎜

マルムネカレハカマキリ（P17）を緑色にしたような見た目のマレーマルムネカマキリ。丸く広がった胸はおそらく葉っぱをまねしてるんだと思いますが、どれくらい効果があるんでしょう？　南アメリカに生息するナンベイマルムネカマキリも、同じように胸が丸く広がっています。ちなみに、カマキリの眼は「複眼」といい、六角形の個眼が数万個も集まっています。複眼にある黒い部分（左下写真）は「偽瞳孔」といい、どこから見ても常にこちら向きに動いて見えます。また複眼と複眼の間には、明るさなどを感じる単眼が3つあります。

2/23

キタテハ

チョウ目タテハチョウ科

生まれた季節で生き方が変わる

生息地 北海道南部〜九州　**前ばねの長さ** 25〜30㎜

キタテハは、夏に成虫になる夏型と秋に成虫になる秋型がいて、秋型は成虫のまま冬を越すわ。メイン写真は2月の暖かい日に撮影されたキタテハよ。つまり秋型ね。はねの裏側はメイン写真みたいな枯れ葉っぽい色で、表側は右下写真みたいにオレンジ色（黄色）なの。日当たりのいい草むらが好きで、ゆるやかに飛び、よく植物にとまるそうよ。そうそう、タテハチョウのなかまはオスとメスの見た目があまり変わらないものが多いわ。それと、キタテハみたいに夏型と秋型があって、色や形が変わるものもいるわよ。キタテハの場合は、秋型のほうが赤っぽいんだって。

ツチイナゴ

バッタ目バッタ科

2/24

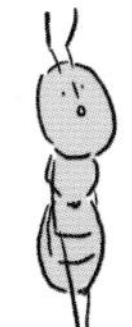

泣く＆鳴く

生息地 本州〜南西諸島　大きさ オス：39〜55㎜　メス：45〜70㎜

写真は2月の暖かい日に、落ち葉から顔を出して日光浴をするツチイナゴです。体が大きく、眼（複眼）の下に涙のような黒いスジがあるのが特徴です。春頃に幼虫が生まれ、秋に成虫になり、そのまま冬を越すのでこんな時期にも見られます。土のような色をしているのが名前の由来です。バッタのなかまはイネ科の植物を好むものが多いんですが、ツチイナゴはクズの葉っぱなどを食べます。

ちなみに、ツチイナゴは後ろあしと前ばねをすり合わせて「シャキシャキ」と鳴きます。バッタにも鳴くものがいるって、あまり知られてないかもしれませんね。

2/25

スペキオスス シカクワガタ

コウチュウ目クワガタムシ科

シカのツノみたいなアゴ

生息地 中国南西部～インドシナ半島

大きさ オス：33～70㎜　メス：29～33㎜

スペキオススシカクワガタは、シカのツノのように曲がった大アゴをもつクワガタです。「スペキオスス」は学名にある「*speciosus*（美しい）」をそのまま読んだもの。頭、胸、はねには黄色っぽく色づいた部分があります。はねの黄色い部分の面積は、地域によって異なるそうです。

ちなみに、シカクワガタのなかまは日本にもいます。それが奄美群島に生息するアマミシカクワガタ。日本の固有種で、採集は禁止されています。

オオルリアゲハ

チョウ目アゲハチョウ科

モルフォチョウみたい

生息地 インドネシア（アンボン島）〜オーストラリア北部

前ばねの長さ 54〜62㎜

生息地では「幸せを呼ぶ青いチョウ」って呼ばれるオオルリアゲハ。熱帯雨林の林道や明るい草むらに生息してるわ。はねの表側は青く輝き、裏側は茶色だから、飛ぶと青く点滅してるように見えるそうよ。オス同士で追いかけあうことがあって、オスに青いものを見せると飛んで近づいてくるんだとか。でも、メスは青い色に興味を示さないみたい。そうそう、学名にある「*ulysses*」は、トロイア戦争で活躍したギリシャ神話の英雄・オデュッセウスのことなんだって。

2/27

ハキリアリ

ハチ目アリ科

キノコを栽培

生息地 中央アメリカ〜南アメリカ　**大きさ** 3〜20㎜

写真は、大アゴで切り取った葉っぱを運ぶハキリアリ。生息地のジャングルでは、葉っぱを持ったアリの行列が見られるそうです。でも、食べるわけではありません。巣の中で葉っぱを細かく砕いて培地をつくり、キノコの菌糸を植え、そこから生えてくるキノコを食べるんです。

ハキリアリは何種かいるのですが、種によっては大きい巣に数十万ほどのハキリアリが暮らしてるんだとか。葉っぱを切る係、切る作業を見張る係、巣の中で葉っぱを細かくする係、巣を守る係など、仕事は分業化されています。

グンタイアリ

ハチ目アリ科

2/28

橋もつくる

生息地 中央アメリカ〜南アメリカ　**大きさ** 10〜15㎜

グンタイアリのなかまは、巣をもたないアリよ。ジャングルの中を数十万〜100万ほどの集団で移動するわ。通れない場所があると、みんなで集まってアリの橋をつくって渡るの。そのチームワークはまさに軍隊！　集団で一斉に襲うから、ヘビとかも数時間で骨だけになっちゃうそうよ。グンタイアリの仕事は、ハキリアリと同じで分業化されてるわ。写真のアリは大きさが違うけど、みんなグンタイアリよ。

そうそう、ダーウィンはブラジルでアリの大群が虫たちを囲んで襲うのを見て、「驚くべき眺めだった」と語ってるの。この大群もグンタイアリだと考えられてるわ。

2/29 アクテオンゾウカブト

コウチュウ目コガネムシ科

ゆっくり成長

生息地 南アメリカ北部〜中部　**大きさ** オス：50〜135㎜　メス：50〜82㎜

アクテオンゾウカブトは、世界最重量級のカブトムシよ。ほかのカブトムシよりツヤ感はないけど、どっしりとした体は存在感たっぷり！　カブトムシの中で一番幼虫の期間が長くて、4年以上かけて成虫になることもあるわ。名前はギリシャ神話に出てくる狩人・アクテオンにちなんだもの。外国のカブトムシって、ヘラクレス、ネプチューン、アトラスとか、神話の関係者が多いわね。

そういえば、カブトムシって飛ぶのがあまり得意じゃないのよね。それを考えると、この写真も飛べずに怖がってるように見えてきたり……。

デリカシー

今日は世界一おもいカブトムシのゾウカブトがくる
おーーーい

あっ!きた!!
うお〜〜〜たしかにおもそ〜〜〜!!
…

うひょ〜〜〜ツノもおもそう!!うひょひょ〜〜
なんキロ?なんキロ?
…

ひみつ
気にしていた

3/1

アカホシテントウ

コウチュウ目テントウムシ科

ウメの味方

生息地 北海道〜九州　大きさ 5.8〜7.2㎜

写真はウメの枝にとまるアカホシテントウよ。ツヤツヤの黒い前ばねに、うっすら縦長の赤い模様があるわね。成虫も幼虫も、ウメ、クリ、クヌギなどにつくカイガラムシを食べるわ。カイガラムシは枝を枯らしちゃうこともある害虫だから、それを食べるアカホシテントウは益虫（P75）ね！　そうそう、テントウムシは「お天道様（太陽）に向かって飛ぶ虫」が名前の由来といわれてるの。世界に約6000種、日本に約180種生息していて、英語では「Lady bug(聖母マリアの虫)」なんて呼ばれたりするみたい。日本では「春を告げる虫」として親しまれてるわね。

ギフチョウ

チョウ目アゲハチョウ科

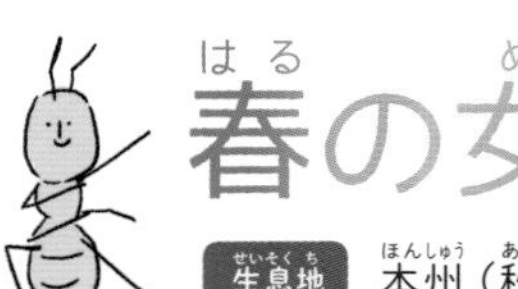

春の女神

生息地 本州（秋田県から南）　**前ばねの長さ** 30～35㎜

写真はカタクリの花の蜜を吸うギフチョウ。岐阜県で初めて発見されたことが名前の由来です。日本の固有種であり、春先に現れる優雅なチョウであることから「春の女神」とも呼ばれます。乳白色と黒のしま模様は、枯れ草の中だと風景によくなじみ、見失ってしまうこともあるそうです。

幼虫の期間は1カ月ほど。黒い毛が生えたイモムシですが、毛に毒はありません。幼虫は５～6月の間に落ち葉の下でさなぎになり、そのまま夏、秋、冬を過ごし、次の年の春に成虫になります。さなぎの期間が長いですね。

ゾンメルツヤクワガタ

コウチュウ目クワガタムシ科

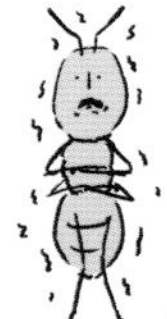

すぐケンカする

生息地 マレー半島、ボルネオ島、スマトラ島、バンカ島

大きさ オス：33～65㎜　メス：26～35㎜

写真は樹液をめぐってケンカをしているゾンメルツヤクワガタのオス。ツヤクワガタのなかまは大型で、気性の激しいものが多いです。また、日中も活動するものがたくさんいます。クワガタは一般的に夜行性のものが多いんですけどね。

ちなみに、ゾンメルツヤクワガタのようにクリーム色のはねをもつクワガタは、標本にするとオレンジ色のはねになります。死ぬとあぶらが浮き出て、色が変わっちゃうんです。

タランドゥス オオツヤクワガタ

コウチュウ目クワガタムシ科

アフリカ最大のクワガタ

生息地 アフリカ中部～西部　**大きさ** オス：46～92㎜　メス：38～56㎜

まるでエナメルのように全身がツヤツヤ！　タランドゥスオオツヤクワガタは、雨季に現れて樹液に集まるアフリカ最大のクワガタよ。オスは怒ると頭をブルブルとふるわせ、「ブーン」って音を出して威嚇するわ。

卵は黄緑っぽい色で、幼虫、さなぎを経てから成虫になるわよ。そうそう、さなぎの時期があるものは「完全変態」、さなぎにならずに幼虫から成虫になるものは「不完全変態」っていうわ。クワガタなどの甲虫（P20）やチョウとかが完全変態で、バッタやトンボとかが不完全変態の昆虫よ。

3/5

アレクサンドラトリバネアゲハ

チョウ目アゲハチョウ科

世界最大のチョウ

生息地 パプアニューギニア東部

前ばねの長さ オス：約100㎜　メス：約117㎜

アレクサンドラトリバネアゲハは世界最大のチョウよ！　1906年に初めて発見されたメスは、鳥と間違えられて散弾銃で撃ち落とされた……なんてエピソードもあるの。はねに穴のあいた標本は、ロンドン自然史博物館に保管されてるそうよ。

写真はオス。メスはさらに大きく、はねは黒っぽいわ。成虫はオスもメスもハイビスカスやコーヒーの花の蜜を吸うそうよ。幼虫は有毒物質をふくむウマノスズクサとかを食べて、毒を体内にたくわえて敵から身を守ってるんだって。

クビワオオツノカナブン

コウチュウ目コガネムシ科

緑だけじゃない

生息地 コートジボワール～ウガンダ　**大きさ** 45～68㎜

クビワオオツノカナブンは、ハナムグリのなかまの1種。頭の先がとがっていて、前あしにはギザギザの突起があります。地域によって模様に差があり、胸の白いスジがはっきり通っているもの、写真のように途中で消えているもの、スジがほとんどないものもいます。体の色も赤、茶、緑などさまざまで、特に濃い青、紫、黒はめずらしいそうです。ちなみにアフリカには、クビワオオツノカナブンやゴライアスオオツノハナムグリ（P375）など大型のハナムグリが多く生息しています。一方、大型のカブトムシはケンタウルスオオカブトなどごくわずかです。

3/7

ヘクトール ベニモンアゲハ

チョウ目アゲハチョウ科

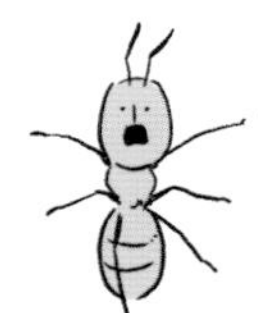

派手なのに襲われない

生息地 インド南部、スリランカ　前ばねの長さ 約49㎜

はねに赤い模様があるだけでなく、体までも赤いヘクトールベニモンアゲハ。はねの模様は表と裏でほとんどいっしょです。ヘクトールベニモンアゲハはジャコウアゲハのなかまで、幼虫は有毒物質をふくむウマノスズクサなどを食べ、成虫もその毒を保ち続けるので鳥に狙われにくいようです。それを利用して、シロオビアゲハ（P314）のメスがヘクトールベニモンアゲハに擬態しています。

毒をもつジャコウアゲハのなかまがいる地域では、たいてい擬態するチョウがいます。それほど毒って、鳥などの敵に有効なのかもしれませんね。

ナナホシテントウ

コウチュウ目テントウムシ科

人間の役に立つ

生息地 北海道～南西諸島　**大きさ** 5～8.6㎜

左のはねに3つ、右のはねに3つ、中心に1つ黒いホシがあるナナホシテントウ。アブラムシを食べる益虫（害虫を食べたりして人間の役に立つ昆虫）よ。冬はナミテントウ（P112）みたいな大集団はつくらず、数匹で越冬するわ。真夏は獲物のアブラムシが減っちゃうから、すずしい日陰で眠って過ごしたりもするの。

そうそう、テントウムシのなかまは、鳥とかが近づくと死んだふり（擬死）をして、あしから黄色い汁を出すわよ。この汁が臭くて苦いから、その鳥は二度と食べなくなるの。テントウムシが目立つ体をしてるのは、「まずい虫」アピールね！

カブトハナムグリ

コウチュウ目コガネムシ科

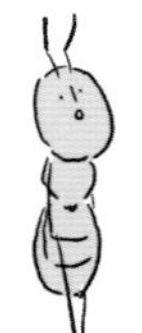

見た目カブトムシ

生息地 ボルネオ島　**大きさ** オス：25.4～55.5㎜　メス：24.6～25.9㎜

オスがカブトムシのようなツノをもつカブトハナムグリ。ツノは赤く、体は緑に輝き、とても美しい姿をしています。標高の高い所に生息し、ツノと前あしが長いです。カブトムシのように夜に樹液をなめる……のかと思いきや、昼間に熟した果物や花の蜜をなめます。活動時間も食べものも、カブトムシとは違うんですね。

ちなみに、カブトハナムグリのなかまは世界に約45種いて、どれも東南アジアに生息しています。写真はそのなかまの1種です。

オオカバマダラ

チョウ目タテハチョウ科

3/10

3000kmの長い旅

生息地 カナダ〜南アメリカ北部、ハワイ、オーストラリアなど

前ばねの長さ 約50㎜

11月から3月までの間、メキシコの高地の木々に集団でとまって冬を越すオオカバマダラ。その数は10億ともいわれるんだって。春になると交尾をして、オスは命を終え、メスは北に向かって飛び立つわ。距離は約3000km！　途中、有毒物質をふくむトウワタ（左下写真）に卵を産んで、幼虫はその葉っぱを食べて毒を体に取り込むそうよ。こうして3世代かけて北上し、アメリカやカナダに到着。秋になると寒さをしのぐためにまた南へ向かうの。この時は1世代で一気にメキシコに到達するわ。

3/11

アシナガオオコノハギス

バッタ目キリギリス科

メスも鳴く

生息地　マレーシア、スマトラ島　大きさ　約150㎜

アシナガオオコノハギスは世界最大級のキリギリス。あしが長くて、見た目が木の葉に似てるわよ。一般的に昆虫のメスは鳴かないけど、アシナガオオコノハギスはオスだけでなくメスも「ギギギギギ」って大きな音で鳴くの。はねのつけ根にある発音器官から出すこの音は、数十m離れていても聞こえるんだって。どうやらこの音はオスとメスが出会うためだけじゃなく、敵が近づいてきた時の威嚇にも使われてるみたい。体も鳴き声も大きい肉食の虫……かと思いきや、草食で普段はおとなしいわよ。

パンサイカブト

コウチュウ目コガネムシ科

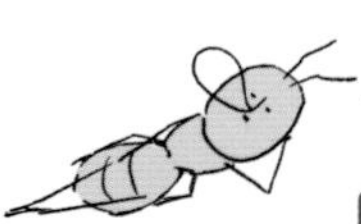

死んだふりをする

生息地 フランス領ギアナ、コロンビア〜ボリビア、ブラジル、パラグアイ

大きさ オス：45〜80㎜　メス：40〜50㎜

胸と頭にツノが1本ずつあるパンサイカブト。日本のカブトムシと同じですね。胸のツノ（写真右側のツノ）は、先がとがってるものや、先が2つに分かれるものがいるそうです。写真のパンサイカブトはとがってるタイプですね。オスだけではなく、メスにも大きなツノがあるからビックリです。ちなみに「カブトムシ＝強い」ってイメージがありますが、サイカブトのなかまは身の危険を感じると、あしを縮めて死んだふり（擬死）をします。ちょっと親しみがわきますね。

3/13

ツマグロオオヨコバイ

カメムシ目オオヨコバイ科

バナナムシ

生息地 本州〜九州　**大きさ** 全長約13㎜

その見た目から「バナナムシ」って呼ばれるツマグロオオヨコバイ。セミを小さくして、黄色く彩ったような形ね。ヨコバイのなかまは、危険を感じると横にはうように移動しながら葉っぱの裏とかに隠れるわ。これが「ヨコバイ」って名前の由来よ。ツマグロオオヨコバイは、はねの先（つま）が黒い、大きなヨコバイなの。頭や胸にも黒い模様があるわね。なかまとコミュニケーションをとる時は、体をゆらして植物に振動を伝えるんだって。そうそう、成虫で冬を越すから、冬に葉っぱをめくるとじっとしてるツマグロオオヨコバイの群れが見つかるかもしれないわよ。

キエリアブラゼミ

カメムシ目セミ科

黄色いえり

生息地 マレー半島、スマトラ島、ボルネオ島、ジャワ島　**大きさ** 約52㎜

胸に黄色い帯と赤い模様があるキエリアブラゼミ。地域によっては、この帯が緑っぽいものもいます。はねに隠れて見えていませんが、腹にはオレンジ色の太い帯模様があります。また、オスは「ギョーギョー」と鳴きます。

ちなみに、セミは腹から鳴き声を出します。腹の中にある発音筋を使い、発音膜をふるわせることで音が鳴るんです。オスの腹の中は空洞で、音が響きやすくなっています。一方、メスは鳴かず、腹の中には卵が入っています。

メタリフェルホソアカクワガタ

コウチュウ目クワガタムシ科

体よりアゴが長い

生息地 スラウェシ島、マルク諸島北部

大きさ オス：26〜100㎜　メス：23〜30㎜

大アゴがめちゃめちゃ長くてビックリ!　メスとペアになったメタリフェルホソアカクワガタのオスは、ほかのオスが近づいてくるとこの大アゴで追い払うのよ。とはいえ、こんなに長くなくてもいいような気が……むしろ普段の生活にはジャマにも見えるし。もしかしたら、ケンカの武器としてよりも「こんなに長いアゴをもてるほど、ぼくは健康的ですよ」ってメスにアピールする、恋の武器なのかもしれないわね。大アゴの形や体の色は、生息する島によって違いがあるわよ。

テングチョウ

チョウ目タテハチョウ科

突起はパルピ！

生息地 日本全国　**前ばねの長さ** 21〜25㎜

鼻のように伸びたパルピ（下唇鬚）が名前の由来になったテングチョウ。パルピって……なんだかかわいい響きですね。パルピは左下写真の矢印の部分です。はねを閉じると葉っぱにそっくりですね。

テングチョウは、平地から山地の林に生息し、都市の公園などでも飛んでいます。しかし、夏は活動をやめて休むようになり、あまり見られなくなるんです。これを「休眠」といいます。秋になるとまた動きはじめ、成虫で冬を越します。越冬中はじっとしていますが、暖かい日は活動します。

3/17

イボタガ

チョウ目イボタガ科

フクロウに擬態？

生息地 北海道～九州　**前ばねの長さ** オス：42～50㎜　メス：50～55㎜

イボタガは日本の固有種。春に現れる大きなガよ。夜行性で、昼間は木にはねを広げたままとまってて、夜になると街灯にも飛んでくるわ。はね全体に波模様があって、前ばねの目玉模様はフクロウにそっくりなの。英語でも「Owl moth(フクロウのガ)」って呼ばれるわ。

そうそう、ガのはねにある目玉模様は敵を威嚇するものだけど、シジミチョウのなかま（P289）の後ろばねにある小さな目玉模様は、本物の頭を狙われないようにするためのものなの。同じ目玉模様でも、役割が違うのよね。

オツネントンボ

トンボ目アオイトトンボ科

越年トンボ

生息地 北海道〜九州　**大きさ** オス：37〜41㎜　メス：35〜41㎜

「トンボ」といえば秋のイメージが強いですが、3月に活動しているトンボもいます。その1つがオツネントンボ。「オツネン」は「越年」に由来し、成虫のまま冬を越します。そしてこの時期には交尾や産卵を始めるんです。写真は産卵中のメス（下）とオス（上）です。

ちなみに、日本のトンボで成虫のまま冬を越すのは、オツネントンボ、ホソミオツネントンボ（P14）、ホソミイトトンボ（P144）の3種しかいません。

ルリモンアゲハ

チョウ目アゲハチョウ科

よく見られる美しいアゲハ

生息地 北西インド〜インドシナ半島、中国南西部、台湾、ジャワ島、スマトラ島

前ばねの長さ 約50㎜

ルリモンアゲハは、カラスアゲハ（P141）と同じなかまです。美しい青色（瑠璃色）の模様がある深緑のはねの柄は、地域によって違いがあります。また、はねの裏には右下写真のような赤い円形の模様が並んでいます。平地から山地までよく見られるチョウです。すばやく飛んで移動し、よく水を吸う習性があります。

ちなみにアゲハチョウには、尾状突起（P25）のあるものが多いです。

アキレスモルフォ

3/20

チョウ目タテハチョウ科

ちょっと控えめなモルフォ

生息地　南アメリカ北部～アマゾン川流域

前ばねの長さ　オス：約58㎜　メス：約66㎜

美しく輝くモルフォチョウの中で、アキレスモルフォは少し異質よ。はねの黒い部分が広くて、青い輝きも弱め。明るい所が好きなペレイデスモルフォ（P46）とは違って、森の暗い場所が好きで、地面近くを飛んでるわ。

ほかにもモルフォチョウのなかまには、白い輝きが美しいオーロラモルフォ（下写真の右）や、燃えさかる太陽のような色のタイヨウモルフォ（下写真の左）などさまざまな種がいるんだって。モルフォチョウって、青だけじゃないのね。

3/21

ギラファノコギリクワガタ

コウチュウ目クワガタムシ科

世界最大のクワガタ

生息地 インド〜マレー半島、インドネシア、フィリピン

大きさ オス：35〜118㎜　メス：31〜56㎜

ギラファノコギリクワガタの「ギラファ」とは「キリン(giraffe)」のこと。その長い大アゴには、ノコギリ状の突起（内歯）が並び、昔は「キバナガノコギリクワガタ」と呼ばれていました。マンディブラリスフタマタクワガタ（P341）とともに、世界最大のクワガタです。大きいものは120mmほど。気性が激しく、虫かごで飼っているとメスを攻撃することもあります。ちなみに、「クワガタ」は漢字で「鍬形」。武士の兜の前方に飾るU字型の金具を意味します。

メダマカレハカマキリ

3/22

カマキリ目カマキリ科

枯れ葉のふり＆死んだふり

生息地 マレーシア、インドネシア　**大きさ** 70〜75㎜

写真は、はねを開いて威嚇するメダマカレハカマキリよ。数字の「9」みたいな目玉模様がしっかり見えてるでしょ？　このまま10分近く威嚇することもあるんだって。気が強そうに見えるけど、身の危険を感じると枯れ葉の上に落ちて死んだふり（擬死）をすることもあるわ……意外とかわいいわね。

そうそう、熱帯雨林にはカレハカマキリのなかまがたくさんいるの。一年中、新しい葉っぱが生えては枯れて落ちるから、地面が枯れ葉だらけなのよね。アジアの熱帯雨林には、ヒシムネカレハカマキリ、イカガタカレハカマキリとかもいるわ。

3/23

ルリシジミ

チョウ目シジミチョウ科

幼虫はバラも食べる

生息地 北海道～九州、トカラ列島　**前ばねの長さ** 14～17㎜

ルリシジミは、オスのはねの表側が青色（瑠璃色）のチョウです。メスのはねの表側は青白く、裏側はオスとメスどちらも写真のように黒い小さな模様がちらばっています。幼虫が食べるのはマメ科、ミズキ科、バラ科などの花やつぼみです。日本以外にも、ヨーロッパやアジアなどに広く生息しています。

ちなみに、シジミチョウのなかま（シジミチョウ科）は南極大陸以外のすべての大陸に生息していて、日本には約70種います。

オオニジュウヤホシテントウ

3/24

コウチュウ目テントウムシ科

ホシが28個！

生息地 北海道～九州　**大きさ** 6.6～8.2㎜

前ばねに28個も黒いホシがあるオオニジュウヤホシテントウ。薄い赤色のはねはほかのテントウムシよりツヤがなく、わずかに毛が生えてるわ。成虫も幼虫もジャガイモやナスの葉っぱを食べるから、害虫としておそれられてるの。テントウムシのなかまには、オオニジュウヤホシテントウのような害虫もいれば、ナナホシテントウ(P75)のような益虫もいるのよね。まぁ、あまり人間にとっての利害をいわれても、テントウムシとしては困っちゃうけど。そうそう、オオニジュウヤホシテントウより少し小さいニジュウヤホシテントウも、ジャガイモやナスの葉っぱを食べるわよ。

3/25

ニホンミツバチ

ハチ目ミツバチ科

みんなで闘う

生息地 本州〜九州

大きさ オス：15〜16㎜　メス：12〜13㎜　女王バチ：17〜19㎜

ニホンミツバチの巣は、蜜や幼虫を奪おうとするオオスズメバチ（P106）とかに襲われたりするんだって。その時、ニホンミツバチは集団でスズメバチを丸く包み込むの。この包み込む球を「蜂球」っていうわ。ニホンミツバチたちは筋肉を動かして、蜂球の温度を47℃くらいにまで上げて、スズメバチの命を奪うのよ。スズメバチって体は大きいけど、熱には弱いから。そうそう、働きバチはみんなメスって知ってた？　オスは交尾の時期しか現れないし、針がないから刺さないわよ。

ヤブキリ

バッタ目キリギリス科

トゲがある

生息地 本州〜九州　大きさ 30〜40㎜

メイン写真はヤブキリの幼虫、左下写真は成虫です。草が生い茂るやぶの中や、木の上で暮らしています。背中に通る茶色いスジが特徴です。若い幼虫はタンポポの花粉などを食べて育ち、成長するにつれてだんだん肉食性が強くなります。そのため草食のバッタと違い、ヤブキリの前あしにはたくさんの大きなトゲがあります。獲物をつかまえる時、逃げられないようにするためです。時にはセミをとらえて食べることもあるんだとか。バッタがセミを襲うなんてビックリですね！　ちなみにオスは、はねをすり合わせて「ジリリッジリリッ」と鳴きます。

3/27

ビロードツリアブ

ハエ目ツリアブ科

毛がふっさふさ

生息地 北海道～九州　**大きさ** 約8～12㎜

ふさふさした毛深い体が、ビロード（なめらかさとつやがある織物）を思わせるビロードツリアブ。花の前で止まりながら飛ぶ姿が空中に吊るされているようにも見えるのが、「ツリアブ」って名前の由来よ。普段は羽ばたきながらストロー状の長い口（口吻）を使って蜜を吸うわ。人間を刺しそうな見た目だけど、針はないから刺さないんだって。

ビロードツリアブの成虫が見られるのは春先だけ。つまり、春の到来を告げる虫ってことね！

モモブトカミキリモドキ

コウチュウ目カミキリモドキ科

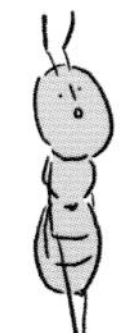

カミキリムシっぽい虫

生息地 北海道〜九州　**大きさ** 5〜8㎜

「カミキリモドキ」とは、カミキリムシに似た昆虫たちのこと。その中でも、後ろあしが太く発達しているのがモモブトカミキリモドキです。カミキリムシと比べて触角は細く、青みのある黒い体をもち、体液には毒がふくまれています。幼虫は枯れたススキの茎などを食べ、成虫は花の蜜をなめます。

写真はハマダイコンの花にとまる2匹のオス。後ろあしが太いのはオスだけで、メスのあしは細いです。

3/29

クマバチ

ハチ目ミツバチ科

蜜を盗むちゃっかり者

生息地 本州～九州　**大きさ** 20～22㎜

クマバチは、胸に黄色い毛がたくさんあるから「キムネクマバチ」って呼ばれることもあるわ。「クマ」って名前につくから凶暴かと思いきや、基本的におとなしい性格よ。クマバチはよく、花の中に入らずに外側から鋭い口（口吻）で花のつけ根に穴をあけて蜜を吸うのよね。この行動を「盗蜜」っていうわ。盗蜜する時はクマバチの体に花粉がつかないから、花にとっては蜜だけ吸われ損になっちゃうの。

写真はオスよ。オスは空中にとどまるようにホバリングして、メスがなわばりにくるのを待つわ。逆にオスがやってくると追い払うんだって。

コウトウキシタアゲハ

3/30

チョウ目アゲハチョウ科

黄色が青に見えることも

生息地　フィリピン、台湾南部の島

前ばねの長さ　オス：70～80㎜　メス：80～85㎜

コウトウキシタアゲハは、台湾南部に位置する紅頭嶼と呼ばれた島（現在の蘭嶼）に生息することが名前の由来です。海に近いフィリピンの森にも生息しています。黄色い後ろばねは構造色（P12）になっていて、見る角度や光の当たり具合によって青く輝くこともあるそうです。

ちなみに、チョウの前あしの先には味を感じる毛があります。産卵前のメスは前あしの毛で味を確かめ、幼虫が食べられる葉っぱかどうか判断しているようです。

3/31

ルリタテハ

チョウ目タテハチョウ科

青い提督

生息地 日本全国　**前ばねの長さ** 30〜40㎜

青みがかった黒いはねに、水色（瑠璃色）の帯があるルリタテハ。前ばねのはしには、白くて短い帯もあります。はねの裏は茶色っぽいまだら模様です。雑木林の日当たりのいい場所などをすばやく飛び、樹液や腐った果物に集まります。近づくものには敏感で、人の気配を感じるとすぐに飛び去ってしまうそうです。

この時期、成虫で冬を越したルリタテハが活動しはじめます。ちなみに、英語では「Blue admiral（青い提督）」と呼ばれます。

仲裁（1）

ここはオレのエサ場だぞ!! おまえちがうとこいけよ!!
いーや
い、おまえこそちがうとこいけよ!

ほれみろよ! オレは星7つだぞ!!
おまえは星2つだろ!!
なっ…なにさ 星の数マウントかよ!!

へへ〜〜ん
まあまあ ケンカはやめて
きっ君はだれさ

オオニジュウヤホシテントウだけど…
星の数すご!!

ツマキチョウ

チョウ目シロチョウ科

オレンジはオスだけ

生息地 北海道〜九州　**前ばねの長さ** 約25㎜

メイン写真はツマキチョウのオスよ。はねの先（つま）にオレンジ色（黄色）の模様があるわ。メスにはこの模様がないんだって。日当たりのいい草むらを飛ぶ姿がよく見られるチョウよ。

左下写真は、中部地方の山地にだけ生息してるクモマツマキチョウ。ツマキチョウよりオレンジ色の部分が広くて、日当たりのいい河原や岩場をすばやく飛ぶわ。日本ではめずらしいチョウだけど、日本より緯度の高いヨーロッパとかでは平地にもいるみたい。ツマキチョウと同じで、オレンジ色の模様があるのはオスだけよ。

ハンミョウ

コウチュウ目オサムシ科

ミチオシエ

生息地 北海道〜沖縄島　**大きさ** 18〜20㎜

ツヤのある斑模様の体をもち、漢字では「斑猫」と書くハンミョウ。ネコのようにすばやく獲物をつかまえることが名前の由来のようです。英語では「Tiger beetle（トラの甲虫）」と呼ばれます。

ハンミョウは、人が近づくと少し前のほうへ飛んで逃げ、また近づくと飛んで逃げ……をくり返します。その姿が、常に一歩先を案内しているように見えることから「ミチオシエ」と呼ばれることも。幼虫は地面に垂直な穴を掘って中に入り、その上を獲物が通りかかると体を伸ばして引きずりこみます。

フタオチョウ

チョウ目タテハチョウ科

1枚のはねに尾が2つ

生息地 沖縄島中北部　**前ばねの長さ** 36〜46㎜

沖縄県の天然記念物に指定されているフタオチョウ。尾状突起（P25）が2つあるのが名前の由来です。はねの表側はこげ茶色で、黄色がかった白い帯が通っています。また、裏側は写真のように白く、黄土色の模様があります。平地や山地の林に生息し、オスは見晴らしのいい枝の先でなわばりを見守ることもあるそうです。飛ぶスピードは速く、オスもメスも樹液や腐った果物によく集まります。

フタオチョウのなかまは、アフリカや東南アジアなどに生息していて、東南アジアには日本のフタオチョウにそっくりなものがいます。

オキナワチョウトンボ

トンボ目トンボ科

ベッコウチョウトンボ

生息地 奄美群島から南　**大きさ** オス：39～45㎜　メス：33～40㎜

オキナワチョウトンボは日本の固有種。金とこげ茶色のはねは、チョウトンボ（P163）とは違った魅力があるわね。そのはねの模様から、かつては「ベッコウチョウトンボ」って呼ばれたそう。「べっこう（鼈甲）」は、タイマイっていうウミガメの甲羅を煮てつくられるもののこと。黄色とこげ茶色のまだら模様で、カフスボタンや、くしとかに使われるわ。オキナワチョウトンボのはねの色は1匹ずつ差があって、地域によっても違うんだって。普段はひらひらと飛ぶけど、オスは別のオスがなわばりに入るとすばやく飛んで追い払おうとするわ。

ミカドアゲハ

チョウ目アゲハチョウ科

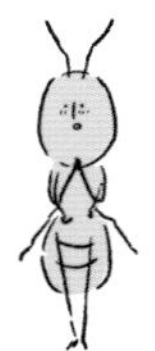

裏側のほうがカラフル

生息地 近畿地方〜南西諸島　**前ばねの長さ** 45〜50㎜

薄く青みを帯びた半透明のはねが美しいミカドアゲハ。この模様は、はねの裏側のほうが表側より淡い色をしています。また、裏側には写真で見えるような赤い模様があります。表側より裏側のほうが、カラフルなんですね！

ちなみに、ミカドアゲハは暖かい地域にしか生息していません。ただ、生息地では神社や公園などでも見られ、トベラやネズミモチなど白い花を好みます。見た目や習性はアオスジアゲハ（P137）と似ていて、オスはよく水を吸います。

アサギドクチョウ

チョウ目タテハチョウ科

表と裏の模様がいっしょ

生息地 中央アメリカ～南アメリカ　**前ばねの長さ** 約51mm

チョウのはねは、表と裏で模様が違うことが多いけど、アサギドクチョウは表と裏がほとんど同じよ。それと、ドクチョウのなかまは赤い花を好むものが多いけど、アサギドクチョウは白、青、黄色の花とかを好むんだって。

左下写真はアサギタテハ。毒をもたないこのチョウは、毒をもつアサギドクチョウに似た姿をして、敵から身を守ってるそうよ。このように、毒のない種が毒のある種に似せる擬態を「ベイツ型擬態」っていうわ。この擬態を発見した博物学者のヘンリー・ウォルター・ベイツが名前の由来よ。

オオスズメバチ

ハチ目スズメバチ科

世界最大級のハチ

生息地 北海道〜九州

大きさ オス：27〜39㎜　メス：27〜37㎜　女王バチ：37〜44㎜

オオスズメバチは、日本最大かつ世界最大級のハチです。女王バチは冬眠をして、春になると地面の中や木の穴などに巣をつくり、卵を産みます。やがて働きバチの幼虫が生まれ、産卵から約5週間で成虫になります。

ちなみに、スズメバチのなかまの多くは、黄色と黒のしま模様で似た姿をしています。このように、毒をもつ種がお互いに似せ合う擬態を「ミュラー型擬態」といいます。この考えを提唱した生物学者のフリッツ・ミュラーが名前の由来です。

セイヨウミツバチ

ハチ目ミツバチ科

1匹でスプーン1杯

生息地 北海道〜南西諸島

大きさ オス：15〜16㎜　メス：約13㎜　女王バチ：17〜20㎜

明治時代にハチミツをつくるために持ち込まれたセイヨウミツバチ。メイン写真はネギの花の花粉を集める働きバチよ。ニホンミツバチより蜜を集める能力が高いのが特徴なの。でも、1匹が一生かけて集めるハチミツの量はスプーン1杯ほどだそうよ。ミツバチは英語でも「Honey bee（蜜のハチ）」。ただ、アメリカではアーモンド、リンゴ、イチゴとかを受粉させるためにセイヨウミツバチが畑に放たれるわ。蜜を集める能力より、花粉を運ぶ能力が重宝されてるんだって。

4/9

ムカシトンボ

トンボ目ムカシトンボ科

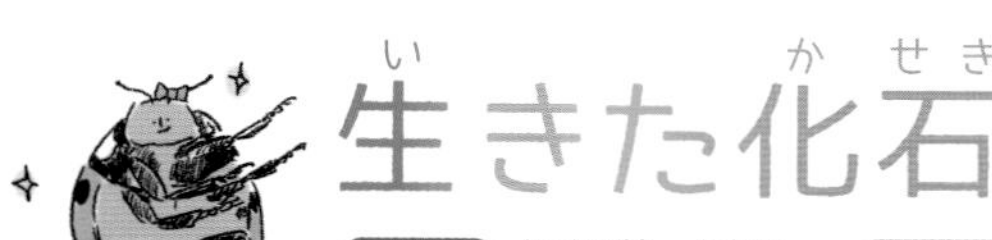

生きた化石

生息地 北海道〜九州　**大きさ** オス：48〜56㎜　メス：45〜53㎜

ムカシトンボは日本の固有種。ジュラ紀（約2億年〜1億5000万年前）の頃にいたトンボと、見た目がほとんど変わってないから「生きた化石」って呼ばれるわ。イトトンボのなかまと同じく、前ばねと後ろばねの形がいっしょで、はねのつけ根が細いの。でも、イトトンボのなかまとは違って、複眼（P319）が大きくて、体も太いわ。木々に囲まれた渓流とかに生息し、幼虫（ヤゴ）の期間は5年〜8年ほど！　幼虫の腹には発音器があって、外から何か刺激があると「ギュッギュッ」って音を出すんだって。

ダビドサナエ

4/10

トンボ目サナエトンボ科

「ダビド」でも日本の固有種

生息地 本州〜九州　**大きさ** オス：43〜51㎜　メス：40〜47㎜

ダビドサナエは、自然豊かな上流だけでなく、川幅の広い中流にも生息しているトンボです。写真は成虫になったばかりのメス。成長したメスは黒と黄色、オスは黒と薄緑色の体をしています。

名前は海外っぽさがありますが、日本の固有種です。「ダビド」はフランス人の生物学者の名前で、その功績をたたえて名づけられたそう。「サナエ」は漢字で「早苗」。春の田植えの時期に現れることにちなんだものです。

4/11

オオアメンボ

カメムシ目アメンボ科

日本最大のアメンボ

生息地 本州〜九州　**大きさ** 19〜27㎜

アメンボのなかまは、棒のように細長くて、甘いにおいがすることが名前の由来といわれてるわ。あしにはロウ物質で覆われた毛がたくさん生えてて、それが水を弾くから沈まずに水面をスイスイ泳げるんだって。しかも、あしには水面の波を感じ取る毛もあって、獲物が水面に落ちるとすぐに気づいてつかまえられるの。冬は落ち葉の下などで過ごすそうよ。アメンボって陸にいることもあるのね。

オオアメンボは、日本に約30種いるアメンボの中で最大よ。ほかにも、海の上で暮らすウミアメンボって種もいるんだって！

アオオサムシ

4/12

コウチュウ目オサムシ科

「治虫」はオサムシ

生息地 本州（中部地方から北）　**大きさ** 22〜33㎜

昼間は落ち葉の下などに隠れ、夜に動き回ってミミズなどを食べるアオオサムシ。体の色は緑以外に、赤っぽいものや黒っぽいものなどもいます。オサムシのなかまの多くは、後ろばねが退化して飛べません。また、甲虫（P20）にはめずらしく肉食の種が多いです。カブトムシやクワガタも甲虫ですが、彼らは樹液をなめますもんね。

ちなみに、マンガ家・手塚治虫の「治虫」は、オサムシを由来にしたペンネームです。最初はそのまま「オサムシ」と読ませていたそう。本名は「治」です。

4/13

ナミテントウ

コウチュウ目テントウムシ科

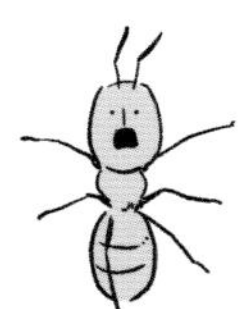

ホシの数ほど個性がある

生息地 北海道～九州、沖縄島、石垣島　**大きさ** 4.7～8.2㎜

一般的に「テントウムシ」と呼ばれるのがこのナミ（並）テントウです。黒地に赤いホシが2つあるものだけでなく、色もホシの数も同じ種と思えないほどバリエーション豊か！　中にはホシがないものもいます。普段はアブラムシのほか、同じナミテントウやほかのテントウムシの幼虫などを食べて暮らしています。

右下写真は冬を越す集団です。木や岩の割れ目などに、多い時は数百匹も集まるそう。その数が多いほど生き残れる確率も高いと考えられています。ちなみに、集団越冬は冬眠ではないので、暖かい日には動くこともあります。

ナガサキアゲハ

4/14

チョウ目アゲハチョウ科

擬態したりしなかったり

生息地 関東地方から南　**前ばねの長さ** 60〜70㎜

博物学者・シーボルトが長崎で発見したのが名前の由来であるナガサキアゲハ。メスはオオベニモンアゲハやホソバジャコウアゲハなど、毒のあるチョウに擬態するものがいるわよ。「ものがいる」といったのは、擬態しないタイプもいるから。擬態するタイプと擬態しないタイプは、はねの色や形が異なるわ。同じメスでも見た目が変わるなんて不思議ね。メイン写真はメス、右下写真はオスよ。オスは全身が黒っぽく青光りしてるの。そうそう、最近は温暖化の影響からか、ナガサキアゲハの生息地が北のほうへ広がっているみたい。

4/15

シンジュアシナガコガネ

コウチュウ目コガネムシ科

身近な宝石

生息地 フランス、スペイン、スイスなど　**大きさ** 10㎜

フランスでは、わりと普通に見ることができるシンジュアシナガコガネ。まさに真珠のような輝きのコガネムシね！　体がうろこのような青い半透明の毛で覆われてるから、「ルリアシナガコガネ」って呼ばれることもあるわよ。普段は川沿いにある草むらとかで、あしを上げてとまってるわ。

そうそう、日本にもクリの花とかに集まる「アシナガコガネ」っていう種がいるの。オスはメスをめぐって別のオスと争う際、大きく発達してる後ろあしを使って花の上でケンカをするそうよ。

ラミーカミキリ

コウチュウ目カミキリムシ科

4/16

ラミー来航

生息地 本州（関東地方から南）～九州　**大きさ** 10～14㎜

黒いはねに水色のスジが横に通っているラミーカミキリ。もともとは中国や東南アジアに生息している外来種です。「ラミー」とは繊維の原料になる植物のこと。江戸時代、中国から現在の長崎県に輸入されたラミーにくっついてきたといわれています。ラミーのほか、カラムシやムクゲなどの葉っぱや茎を食べます。

ちなみに、カミキリムシは漢字で「髪切虫」。鋭い大アゴをハサミにたとえたものです。ほかにもカミキリムシを「天牛」と書くこともあります。これは中国名で、長い触角を牛のツノにたとえています。

4/17

ヨツモンクロツツハムシ

コウチュウ目ハムシ科

フンで身を守る

生息地　本州〜九州　大きさ　4.8〜6㎜

黒地の体に4つの黄色いホシがあるヨツモンクロツツハムシ。ツツハムシのなかまって、幼虫時代の身の守り方が独特なの。自分のフンで筒状の入れ物をつくって、その中で暮らすのよ。普段は上半身を筒から出して歩くんだけど、敵がくると全身スッポリ筒の中へ！　しかもね……卵もフンに包んで産むんだって！

そうそう、ツツハムシのなかまにはテントウムシに擬態するものもいるそうよ。テントウムシって、敵に襲われると苦い汁を出すから鳥にすごく嫌われてるの。だからテントウムシに体を似せるのは、身を守るのに合理的よね。

ニジゴミムシダマシ

4/18

コウチュウ目ゴミムシダマシ科

なんちゃってゴミムシ

生息地 北海道〜九州　大きさ 5〜6.5㎜

ニジゴミムシダマシは、構造色（P12）によって虹色に輝いて見える昆虫よ。森でキノコを食べながら暮らしてるわ。「ゴミムシダマシ」って名前は、形や色がゴミムシに似てることが由来よ。ただ実際は、ゴミムシダマシの中にもゴミムシに似てない種がたくさんいるけどね。ゴミムシダマシのなかまは世界で約2万種、日本では約460種が確認されてるわ。暗い森の中に生息するものが多いから、英語では「Darkling beetle（暗い所にいる甲虫）」って呼ばれるの。ゴミムシは主に肉食だけど、ゴミムシダマシの多くはキノコなどの菌や朽ち木を食べるわ。

4/19

ベニシジミ

チョウ目シジミチョウ科

白いメスもいる

生息地 北海道～九州　前ばねの長さ 15～18㎜

ベニシジミは、オレンジ色（紅色）のはねに黒い小さな模様がちらばるチョウです。夏に成虫になるものは、はねが黒っぽくなります。また、メスは白いはねをもつものもいます。同じ種や性別でも、見た目にさまざまな違いがあるんですよね。

草むらはもちろん、市街地の公園や空き地にも多く、花の蜜を吸ったり、日光浴をするためにはねを広げて花にとまる姿が見られます。また日本以外にも、ヨーロッパや北アメリカなどに広く生息しています。

キバネツノトンボ

4/20

アミメカゲロウ目ツノトンボ科

前ばねがほぼトンボ

生息地 本州、九州　前ばねの長さ 22～25㎜

後ろばねに鮮やかな黄色い模様があるキバネツノトンボ。前ばねはほぼ透明で、トンボのような体つきをしてるわ。長い触角は確かにツノっぽいわね。オスは日中、日当たりのいい草むらを飛び回って、空中で昆虫とかをつかまえて食べるわよ。でも、最近は数が減ってて、絶滅危惧種に指定されてる地域もあるみたい。

ツノトンボのなかまの多くは夜行性だけど、キバネツノトンボは昼間に活動するわ。そうそう、キバネツノトンボよりトンボにそっくりなツノトンボ（P235）って種もいるわよ。

4/21

カクムネベニボタル

コウチュウ目ベニボタル科

毒アピール

生息地 本州～九州　大きさ 7～13㎜

写真はカクムネベニボタルのオス。赤ワインのような紅色のはねと、四角い胸が名前の由来よ。オスの触角はくしのような形、メスの触角はノコギリの刃みたいな形をしてるわ。平たくてやわらかい体には、毒があるわよ。派手な赤いはねで、周りに「毒をもつ虫」ってアピールしてるんだわ。そうそう、ベニボタルのなかまは名前に「ホタル」ってついてるけど、光らないからね。

世界にはベニボタルに擬態する昆虫がいくつかいるんだけど、その中でもアフリカのベニボタルモドキカミキリはベニボタルにそっくりよ。

コミスジ

チョウ目タテハチョウ科

4/22

3本のスジ

生息地 北海道〜九州　前ばねの長さ 20〜28㎜

はねを開くと3本の白いスジがあるように見えるコミスジ。林の周りを羽ばたいたり滑空したりしながら軽やかに飛び回り、写真のように葉っぱの上にはねを開いてとまります。

ちなみに、「はねを開いてとまるのはガで、はねを閉じてとまるのがチョウ」といわれることもありますが、コミスジのようにはねを開いてとまるチョウもいれば、はねを閉じてとまるガもいます。

4/23

ルリハムシ

コウチュウ目ハムシ科

毛で登る

生息地 北海道～九州　**大きさ** 6.8～8.2㎜

写真は交尾をしているルリハムシのオス（右）とメス（左）です。体の色には個体差があり、赤っぽいもの、紫っぽいもの、青っぽいものなどがいます。主食はハンノキなどの葉っぱ。幼虫は集団で葉っぱを食べます。

ちなみにルリハムシのあしの先には、とても細かい毛がびっしりと並んでいます。その長さは約0.01mm！　この毛があることによって、ガラスのようなツルツルした所も登ることができるんです。

ナガメ

カメムシ目カメムシ科

4/24

菜の花のカメムシ

生息地 北海道〜九州　**大きさ** 6〜10㎜

ナガメは「菜の花（アブラナ）につくカメムシ」が名前の由来よ。ダイコンやカブなどアブラナ科の植物によくついてるわ。黒い体に赤い模様があって目立つわね。逆さ向きだと、ジンメンカメムシ（P368）みたいに人の顔にも見えるかも。そうそう、カメムシは形がカメに似てることが名前の由来よ。そういわれると、今度はナガメの模様がカメの甲羅にも見えてきたり……。

左下写真は、ナガメより少し小さくて模様が複雑なヒメナガメね。ナガメといっしょで、アブラナ科の植物が好きなんだって。

アゲハ

チョウ目アゲハチョウ科

春と夏で見た目が変わる

生息地 北海道〜南西諸島　**前ばねの長さ** 春型40〜45㎜　夏型50〜60㎜

アゲハ（揚羽）は、はねをあげて蜜を吸うのが名前の由来よ。市街地でもよく見られるチョウで、春と夏では大きさやはねの模様が異なるわ。写真は春型のアゲハよ。春に成虫になるものは「春型」、夏に成虫になるものは「夏型」って呼ばれてるわ。夏型のほうが大きくて、黒っぽいんだって。

そうそう、アゲハチョウのなかま（アゲハチョウ科）は、幼虫に「臭角」って呼ばれる器官があるの。普段は頭と胸の間に収めてるけど、敵に襲われそうになるとツノみたいに上に出して臭いにおいを放ち、追い払おうとするわよ。

ベッコウトンボ

トンボ目トンボ科

激減したトンボ

生息地 本州〜九州　**大きさ** オス：39〜45㎜　メス：39〜42㎜

ベッコウトンボは、若い成虫が薄茶色（べっこう色）であることが名前の由来です。オスはだんだんと黒っぽくなっていきます。平地にある自然豊かな日当たりのいい池などを好むトンボです。

以前は東京都でも見られましたが、数が激減。現在は環境省によって絶滅危惧種に指定され、採集は禁止されています。開発による生息地の減少や、アメリカザリガニなどの外来種によって幼虫（ヤゴ）が食べられたことが影響しているようです。

4/27

カメノコテントウ

コウチュウ目テントウムシ科

カメの甲羅

生息地 北海道〜九州　大きさ 8〜11.7㎜

カメノコテントウは、はねの模様がカメの甲羅にも見える大きなテントウムシよ。ドロノキハムシ（P149）やクルミハムシの幼虫とかを食べて暮らしてるわ。危険を感じるとあしから臭くて苦い汁を出すんだけど、ほかのテントウムシは黄色い汁を出すのに対し、カメノコテントウの汁は赤！　なんだか血を出してるようにも見えるのよね……。

冬はナミテントウ（P112）のように、集団で越冬するわ。そのほうが春になった時、交尾相手を見つけやすそうね！

トビイロツノゼミ

カメムシ目ツノゼミ科

4/28

まるでネコの耳

生息地 北海道〜九州　**大きさ** 全長5〜6㎜

日本に生息する十数種のツノゼミの中で、特によく見られるのがトビイロツノゼミ。ネコの耳のようなツノがあり、ヨモギやコナラの枝などで暮らしています。

ちなみに、ツノゼミとセミは同じカメムシ目ですが、科が違います（ツノゼミ科とセミ科）。またツノゼミはセミと違い、体をゆらし、自分がとまっている植物を振動させてコミュニケーションをとります。オスがメスにアピールする時、敵が近づいていることを仲間に知らせる時、幼虫が母親を呼ぶ時など、シーンによって振動を変えるそうです。

4/29

クロオオアリ

ハチ目アリ科

アブラムシと協力

生息地 北海道〜九州　大きさ 働きアリ：7〜13㎜

クロオオアリは日本最大級のアリです。アブラムシが出す糖分のふくまれた分泌物をなめることがあり、この分泌物は「甘露」と呼ばれます。クロオオアリは甘露をもらう代わりに、テントウムシやクモなどの敵からアブラムシを守るんです。でも、アブラムシが多くなると、甘露だけでなくアブラムシそのものを食べることもあります。

ちなみに、アリは大きくはハチのなかま（ハチ目）。飛ぶための筋肉を失う代わりに、歩いて物を運ぶ能力を得るよう進化したのがアリなんです。

ルリチュウレンジ

ハチ目ミフシハバチ科

人間のおかげで繁栄？

生息地 北海道〜南西諸島　**大きさ** 8〜10㎜

深い青色（瑠璃色）に輝く体をもつルリチュウレンジ。はねは黒っぽく半透明よ。ハチのなかま（ハチ目）だけど、毒針はもってないの。

普段は花の蜜を吸って暮らしてるわ。メスはツツジの葉っぱとかに卵を産みつけて、幼虫はその葉っぱを食べるから、街でもよく見られるそうよ。ただ、幼虫が葉っぱを食い尽くしちゃって問題になることもあるみたいだけど……。逆に考えると、街路樹にツツジがたくさん植えてあるから繁栄してるのかもしれないわね。

仲裁（2）

たいへんだ!! アゲハの幼虫が ケンカしてるぞ!!
とっ! とめないと!!

ケンカはやめるんだ!!
ケガするぞ!!!

どうだ ボクのツノ くさいだろ〜 はやく こうさんしろ…
いーや まだまだ きみこそ ムリせず こうさんしな
……

いやいや まだまだ
こっちこそ まだまだ
なんかすごい 平和なバトル…
アゲハの幼虫は キケンを感じると くさいツノをだすのだ

キイロテントウ

コウチュウ目テントウムシ科

カビよさらば

生息地 北海道～南西諸島　**大きさ** 3.5～5.1㎜

キイロテントウのはねは真っ黄色！　小さいけどツヤがあって、よく目立つでしょ？　胸にある2つの黒い部分は目ではなく模様よ。成虫も幼虫もうどん粉病の原因になる菌を食べるわ。うどん粉病は植物の葉っぱに白いカビが生えてしまう病気だから、キイロテントウは益虫（P75）ね。

そうそう、テントウムシはさなぎの時期がある完全変態（P71）の昆虫なの。テントウムシがさなぎになると思ってない人、結構多いみたいね。キイロテントウは幼虫も黄色くて、さなぎの時期は約1週間よ。

ウスバシロチョウ

チョウ目アゲハチョウ科

メスに浮気をさせない

生息地 北海道、本州、四国　**前ばねの長さ** 30～35㎜

ウスバシロチョウは、山の林の周りや草地に生息してるわ。はねが半透明で白いから名前に「シロチョウ」ってついてるけど、シロチョウのなかま（シロチョウ科）じゃなくてアゲハチョウのなかま（アゲハチョウ科）よ。オスは交尾の時、粘液を分泌してメスの交尾器官にふたをするの。これは、メスがほかのオスと交尾ができなくするためのふたで、「受胎嚢」っていうわ。

そうそう、ウスバシロチョウは幼虫がさなぎになる際、植物にはぶらさがらないの。吐き出した糸を枯れ葉とつなげて、落ち葉の下にまゆをつくるんだって。

ダイミョウセセリ

チョウ目セセリチョウ科

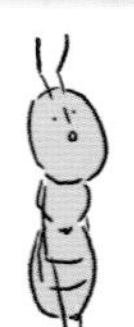

葉っぱの裏に隠れる

生息地 北海道南部～九州　**前ばねの長さ** 16～19㎜

　黒いはねに白い帯が縦にあるダイミョウセセリ。白い帯の入り方は、地域によって違いがあり、西のほうでは左右の白い帯がつながって見えるものもいます。写真は千葉県で撮影されたものなので、帯が短いです。植物にはねを広げてとまり、飛び去ってからまた戻ってくることも多いそう。驚くと葉っぱの裏にへばりついて隠れます。また、晴れた日の日中も同じようにへばりつき、直射日光を避けています。ちなみに、セセリチョウのなかまは体が太く、すばやく飛ぶものが多いです。中には、鳥のフンにおしっこをかけて吸い、ミネラルなどを吸収するものもいます。

ウバタマムシ

コウチュウ目タマムシ科

おばあさんタマムシ？

生息地 本州～九州　**大きさ** 24～40㎜

ツヤのある銅色で、はねにたくさんのスジがあるウバタマムシ。漢字で「姥玉虫」って書くのは、体の模様を見ておばあさん（姥）をイメージしたのかしら？　ウバタマムシはマツ林に多く生息してて、メスは枯れたマツに卵を産むわ。幼虫は成虫になっても木の中に残って、そこで冬を越すの。で、春になって暖かくなると外に出てくるわ。最近は数が減ってる地域もあるみたい……。

そうそう、タマムシのなかまはウバタマムシみたいに枯れ木に卵を産むことが多いんだって。木の中のほうが安全だし、幼虫がその木を食べて成長できるからね。

リュウキュウツヤハナムグリ

コウチュウ目コガネムシ科

丸くて丈夫な土の部屋

生息地 トカラ列島、奄美群島、沖縄諸島、宮古列島　**大きさ** 16～28㎜

ツヤっとした緑色が美しいわね！　リュウキュウツヤハナムグリは名前に「リュウキュウ」ってある通り、沖縄（琉球）諸島のほうに生息するハナムグリよ。最近は関東地方でも見られるわ。園芸用の植物にくっついてたものが、船で運ばれた可能性があるんだって。そうそう、ハナムグリのなかまはさなぎになる時、土と自分のフンでかためた部屋に入るの。これを「土まゆ」っていうわ。カブトムシもさなぎ用の部屋をつくるけど、ハナムグリの土まゆはそれより丈夫なの。写真のリュウキュウツヤハナムグリたちの間にある丸いのが土まゆよ。

コアオハナムグリ

コウチュウ目コガネムシ科

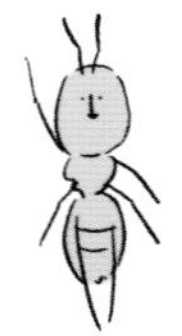

花にもぐる

生息地 北海道〜九州　**大きさ** 10〜14㎜

コアオハナムグリは、緑色の体に白い模様があり、たくさんの毛が生えています。特に春と秋に多く見られる小さなハナムグリです。成虫が土の中にもぐって冬を越し、春になると外に出てきてメスが卵を産みます。夏にいったん数が減りますが、秋になると春に卵だったものが成虫になって再び数が増え、そのまま冬を越すんです。ちなみに「ハナムグリ」という名前は、「花にもぐる」ように花粉や蜜を食べることが由来です。昼は花粉や蜜を求めて花から花へと飛び、夜は地面にもぐって休んでいます。

アオスジアゲハ

チョウ目アゲハチョウ科

 美しい&忙しい

生息地 本州〜南西諸島　**前ばねの長さ** 45〜55㎜

アオスジアゲハは、はねに鮮やかなエメラルド色の模様が並び、まるでステンドグラスのように美しいチョウよ。写真にはナナホシテントウ（P75）も写ってるわね！アオスジアゲハは、雑木林、街路樹、公園にも生息してるわ。高い所をすばやく飛んで、じっとしてることが少ないんだって。オスは湿った土に集まって、よく水を吸うわよ。

そうそう、アオスジアゲハは現存する日本最古の昆虫標本（1830年〜1844年に作製）の中にも入ってるわ。それくらい昔から身近なチョウなのね！

アカスジキンカメムシ

カメムシ目キンカメムシ科

命の輝き

生息地 本州〜九州　**大きさ** 16〜20㎜

緑色の体に赤ピンクのスジがあるアカスジキンカメムシ。公園とか身近な場所で見られる美しいカメムシよ。生まれたばかりの幼虫は赤と黒の体をしてるけど、成長するにつれて色が変わって、成虫直前の幼虫は白黒の体になるわ。その状態で落ち葉の下などに隠れて越冬するの。この時期は「パンダカメムシ」って呼ばれることもあるみたい。春を迎えて5〜6月頃に成虫になると、最初は全体が黄色っぽいんだって。でも数時間で写真のような色になるわ。鮮やかに輝く体の色は、死ぬとくすんじゃうから……この美しい輝きは生きてる証なのね！

アカスジカメムシ

カメムシ目カメムシ科

オシャレなストライプ模様

生息地 北海道～南西諸島　**大きさ** 9～12㎜

赤と黒のストライプ模様が特徴的なアカスジカメムシ。ニンジンなどセリ科の植物によくついていて、夏頃になると赤い部分が少し淡い色になります。

ちなみに、カメムシのなかまが臭いにおいを出すのは、敵を追い払うためでもあり、なかまに危険を知らせるためでもあります。なかまはこのにおいを感じ取り、遠くへ逃げたり死んだふり（擬死）をして身を守るのです。においは左右の中あしのつけ根にある臭腺から出します。ただし、幼虫は腹の背中側からにおいを出すそう。はねがない幼虫は、背中から出したほうが身を守りやすいんでしょうね。

5/10

アオバセセリ

チョウ目セセリチョウ科

はねにテントウムシ？

生息地 本州から南　**前ばねの長さ** 24～26㎜

後ろばねの先にオレンジと黒の模様があるアオバセセリ。幼虫にはこの模様が頭にあって、そこだけ見るとテントウムシみたいに見えるわね。

アオバセセリはアワブキが生える谷川沿いの林に多くて、暖かい地方ではヤマビワが生える海沿いの林でも見られるわ。アワブキもヤマビワも、幼虫が食べる植物よ。すばやく長時間飛べるチョウで、春頃は日中に、夏は明け方や夕方に活動することが多いの。オスは夕方になると山頂などに集まり、一定のコースを飛び回る習性があるわ。

カラスアゲハ

チョウ目アゲハチョウ科

同じルートを何度も飛ぶ

生息地 北海道〜南西諸島　**前ばねの長さ** 春型45〜55㎜　夏型55〜65㎜

はねの色がカラスのようにも見えるカラスアゲハ。黒をベースにした青と緑の輝きが美しいチョウよ。日本だけじゃなく、東南アジアとかにも生息してて、地域によって色や模様が違うみたい。

そうそう、カラスアゲハのオスは、林の近くで同じ場所を何度もくり返して飛ぶ習性があるの。この通り道を「チョウ道」っていうわ。チョウ道を飛ぶのは、アゲハチョウのなかまに多いわよ。種によって好むルートが違うから、チョウ道を飛んでれば、オスは同じ種のメスに出会いやすいんだって。

5/12

キリギリス

バッタ目キリギリス科

わりと肉食

生息地 本州～九州　大きさ 約40㎜

メイン写真はキリギリスの幼虫、右下写真は成虫よ。バッタの多くは草食だけど、キリギリスは肉食性の強い雑食。原っぱや土手で、小さいカエルや昆虫とかを食べるわ。オスは、はねをすり合わせて「ギーッチョン」と鳴くわよ。メスには長い産卵管があって、それを土の中に差し込んで卵を産むわ。

そうそう、これまで「キリギリス」と呼ばれてた種は、最近の研究によって東日本にいるヒガシキリギリスと、西日本にいるニシキリギリスに分けられたんだって。

オオミズアオ

チョウ目ヤママユガ科

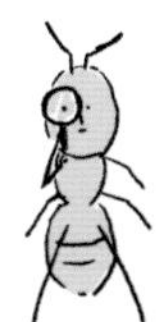

よく見ると目玉模様がある

生息地 北海道〜九州　**前ばねの長さ** 50〜75㎜

オオミズアオは、尾状突起（P25）が長い大きなガです。青白いはねには小さな目玉模様があり、夜行性で街灯に飛んでくることもあるそう。アゲハ（P124）のように春型と夏型がいて、春型のはねはより青っぽく、夏型のはねは大きくて黄色っぽくなる傾向があります。写真は5月に撮影された春型のオスです。

幼虫はリンゴ、サクラ、クリなど、いろんな植物の葉っぱを食べます。成虫はヤママユ（P48）と同じく、口が退化してありません。そのため1週間ほどで命を終えます。

ホソミイトトンボ

トンボ目イトトンボ科

越冬する時は薄茶色

生息地 本州（関東地方から南）～九州

大きさ オス：30～38㎜　メス：31～38㎜

ホソミイトトンボは、成虫で冬を越すトンボです。夏の初めに成虫になって夏に産卵するものと、秋に成虫になってそのまま冬を越すものがいます。冬を越すもののほうが少し大きいです。また、冬を越すものは薄茶色の体で越冬し、春になると青くなります。写真は、越冬した4組のオスとメスが、5月に産卵している光景です（3組の後ろに1組います）。オス（上）が腹の先にある器官でメス（下）をつかんでいます。このようにオスとメスがつながって産卵することを「連結産卵」といいます。

ミヤマカワトンボ

トンボ目カワトンボ科

驚きの交尾戦略

生息地　北海道〜九州　　大きさ　オス：65〜80㎜　メス：63〜77㎜

ミヤマカワトンボは、日本最大のカワトンボ。はねは茶色っぽい色だけど、光が透けてオレンジ色に見える時もあるわ。メタリックな緑の体も素敵よね。そうそう、オスは交尾後のメスと出会うと驚きの行動に出るの。生殖器の先にある突起を使って、メスの腹にある精包（精子を包んでいるもの）をかき出してから交尾をするんだって！　ほかのカワトンボのなかまも、同じ習性をもってるそうよ。

メスは水にもぐって産卵することが多くて、中には1時間以上かけるものもいるわ。胸やはねの毛に空気をためて呼吸をするから、おぼれることはないみたい。

クロアゲハ

チョウ目アゲハチョウ科

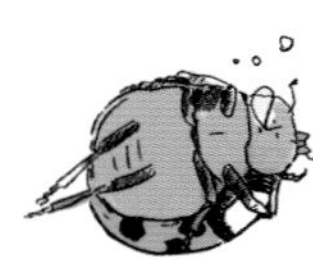

太陽の熱を避ける

生息地 東北地方から南　**前ばねの長さ** 春型50～60㎜　夏型60～70㎜

クロアゲハは、低い山から市街地までいろんな環境に生息するチョウよ。写真のように、川辺などで水を吸ってる姿がよく見られるわ。黒い体をもつアゲハチョウのなかまは、太陽の熱をよく吸収するから、暑い日には木の陰で休んでることもあるの。

そうそう、クロアゲハのオスもカラスアゲハ（P141）と同じで「チョウ道」をよく飛ぶんだって。クロアゲハの場合は、木の陰があるやや暗いルートが好きみたい。アゲハ（P124）は比較的明るいルートが好きなんだって。

シンジュサン

5/17

チョウ目ヤママユガ科

真珠とは無関係

生息地　北海道～南西諸島　前ばねの長さ　65～80㎜

ガやチョウのなかまは、幼虫の食べる植物の種類がある程度決まっています。シンジュサンは、幼虫がシンジュ（ニワウルシ）という木の葉っぱを食べるガです。「真珠」が由来じゃないんですね！　4枚のはねに1つずつ三日月のような模様があるため、「ミツキムシ」と呼ばれていたこともあります。夜行性で、昼間は日陰にある枝や葉っぱにぶらさがるようにとまっています。

ちなみに、ガは夜行性で、チョウは昼間に活動するものが多いです。ただ、サツマニシキ（P315）のように昼間に飛ぶガもいます。

5/18

アオサナエ

トンボ目サナエトンボ科

体温を上げない工夫

生息地 本州〜九州　大きさ オス：58〜63㎜　メス：57〜65㎜

アオサナエは、胸が鮮やかな緑色をした日本の固有種よ。川の中流や大きな湖とかに生息してるわ。写真は地面にとまるオス。暑い日は腹を上にあげてとまって、太陽の光が当たる面積を減らしてるの。これを「オベリスク姿勢」っていうわ。別のオスが近づいてくると飛んで追い回したり、メスを探す時にも飛ぶけど、基本的になわばりの中でとまってるんだって。

トンボのなかまにはほかにも、木にぶらさがるようにとまるものや、葉っぱの上にとまるものなどがいるわ。

ドロノキハムシ

コウチュウ目ハムシ科

みんなで大食い

生息地 北海道〜九州　**大きさ** 10〜12㎜

赤い前ばねと黒い胸をもつドロノキハムシ。主食はヤナギ、ポプラ、ドロノキなどの葉っぱで、時には街路樹に大発生します。また、幼虫は集団で葉っぱを食べ、葉脈以外を食べ尽くして枯らしてしまうことも……。日本以外にも、アジアやヨーロッパなどに広く生息しているハムシです。

ちなみに、ハムシのなかまは日本に約660種、世界に約4万種生息しています。日本のハムシの多くは10mm以下ですが、世界には40mm近いものもいます。

ラコダールツヤクワガタ

コウチュウ目クワガタムシ科

クワガタの名産地

生息地 スマトラ島　**大きさ** オス：44〜90㎜　メス：38〜49㎜

ラコダールツヤクワガタは、前ばねと頭の一部がクリーム色のクワガタよ。標高1000 〜1700mに生息してるわ。

アジアはクワガタの名産地！　ほら、世界最大のクワガタであるギラファノコギリクワガタ（P88）や、大アゴがすごく長いメタリフェルホソアカクワガタ（P82）とかも東南アジアにいるでしょ？　世界にいる約1500種のクワガタのうち、約3分の2は東南アジアや中国のあたりに生息してるの。その中でもスマトラ島のクワガタは、ラコダールツヤクワガタみたいに色のある種が多いわよ。

ルリクワガタ

5/21

コウチュウ目クワガタムシ科

卵を産んだ証

生息地 本州〜九州　大きさ オス：9〜14㎜　メス：8〜12㎜

20mmもない小さな体が美しく輝くルリクワガタ。基本的に昼に活動するのは、夜だと暗くて体の輝きが意味なくなっちゃうからかもしれないわね。標高1000m以上に生息していることが多くて、大アゴで木の新芽に傷をつけ、そこから流れる汁をなめて暮らしてるわ。

そうそう、メスは枯れ木に卵を産む時、左下写真みたいな産卵マークをつけるのよ。これは「ほかのメスが同じ場所に卵を産まないようにするため」とか「卵を乾燥や湿気から守るため」なんて考えられてるけど、まだよく分かってないわ。

5/22 キアシナガバチ

ハチ目スズメバチ科

超攻撃型！

生息地 本州〜南西諸島

大きさ オス：23〜26㎜　メス：20〜25㎜　女王バチ：約27㎜

キアシナガバチは、日本最大のアシナガバチ。特に攻撃性と毒性が強いハチだから、気軽に近づいちゃダメだからね！　普段は花の蜜や樹液に集まったり、ガやチョウの幼虫を肉団子にして幼虫に与えてるわ。巣の形はつり鐘型で、だんだんすそ野が広がるように大きくなっていくそうよ。そうそう、アシナガバチのなかまは、植物をかじり取り、唾液を混ぜ合わせて巣をつくるの。これが紙をつくる方法と似てるから、英語では「Paper wasp（紙のハチ）」って呼ばれるんだって。

ベニカミキリ

コウチュウ目カミキリムシ科

毒があるフリ

生息地 本州〜九州　**大きさ** 12〜17㎜

鮮やかな赤が目を引くベニカミキリ。「毒がありそう」と思わせる見た目ですが、実際は無毒です。これは毒をもつベニボタルなどに擬態していると考えられます。幼虫は竹を食べ、成虫はクリやネギなどの花に集まります。

日本にはほかにも、前ばねに小さな黒いホシが点在しているホシベニカミキリや、前ばねに8つの黒いホシがあるフェリエベニボシカミキリなどもいます。フェリエベニボシカミキリは、奄美大島だけに生息する日本の固有種です。

アオハダトンボ

トンボ目カワトンボ科

輝きをアピール

生息地 本州～九州　大きさ オス：57～63㎜　メス：55～59㎜

「清流の宝石」ともいわれるアオハダトンボ。水がきれいな川の中流に生息しています。メイン写真はオス、右下写真は水にもぐって卵を産むメスです。メスのはねには「偽縁紋」と呼ばれる小さな白い模様があります。

オスはメスに向かってはねの輝きと、腹の先にある白い部分を見せて熱心にアピールします。メスが逃げなければ、オスはメスの偽縁紋を目印に降り立ち、交尾を始めます。しかし、粘り強くアピールしたあとにふられてしまうことも多いそうです。

ウラナミアカシジミ

5/25

チョウ目シジミチョウ科

雑木林が好き

生息地 北海道南西部、本州、四国　**前ばねの長さ** 18～21㎜

はねの裏にオレンジ（赤）と黒の波模様があるウラナミアカシジミ。昼は植物にとまって休んでたり、クリの花の蜜やクヌギの樹液とかを吸ったりしてるわ。夕方から日が沈む頃までは活発に飛び回るわよ。

ウラナミアカシジミは雑木林が好きなチョウなんだけど、最近は雑木林が開発されたり、放置された雑木林に特定の植物だけが生い茂って環境が悪化したりして、数が減っちゃってるみたい。ウラナミアカシジミみたいに、人間が手入れして管理する雑木林を好む昆虫もいるのよね。

5/26

アシナガバエ

ハエ目アシナガバエ科

なかまが約7000種

生息地 日本全国　**大きさ** 約5～6㎜

名前の通りあしが長いアシナガバエ。世界に7000種ほどのなかまが生息し、その多くは写真のように体が緑色に輝いています。

ちなみに、ハエのなかまは前ばね2枚だけを羽ばたかせて飛びます。昆虫は、4枚のはねを使って飛ぶのが一般的なんですが、ハエは後ろばね2枚が退化しているんです。退化した後ろばねは「平均こん」と呼ばれ、小さいこん棒のような形をしていて、飛んでいる時のバランスをとる役目を果たしています。これはカやアブのなかまもいっしょです。

アオハムシダマシ

コウチュウ目ハムシダマシ科

ハムシのまね？

生息地 本州～九州　**大きさ** 9～12㎜

メタリックな緑色の輝きが目を引くアオハムシダマシ。青色（緑色）であること、そしてハムシに似てることが名前の由来よ。毒をもつハムシに体を似せて、敵から身を守ってるのかもしれないわね。幼虫は朽ち木や枯れ枝を食べて、成虫は花の蜜をなめるそうよ。

そうそう、「ダマシ」がつく虫はほかにもサカダチゴミムシダマシ（P18）やニジゴミムシダマシ（P117）などがいるわ。これらも、ゴミムシに似てることが名前の由来よ。

5/28

モンキチョウ

チョウ目シロチョウ科

黄色いモンシロチョウみたい

生息地 日本全国　前ばねの長さ 25〜30㎜

黄色いはねの先が黒く、丸い模様（斑紋）がちらばるモンキチョウ。大きさはモンシロチョウ（P199）とほぼ同じで、メスの中には、はねが白いものもいます。山地から街の公園まで、草むらがあればよく見られるチョウです。

暖かい地域では3月上旬から成虫が飛びはじめます。その後、世代交代をくり返しながら秋の終わり頃まで活動し、幼虫の姿で冬を越します。ちなみに、幼虫が食べるのはシロツメクサなどマメ科の植物です。

キアゲハ

チョウ目アゲハチョウ科

5/29

少し黄色いアゲハチョウ

生息地 北海道〜九州　**前ばねの長さ** 春型40〜50㎜　夏型50〜65㎜

アゲハ（P124）より黄色っぽいはねをもつキアゲハ。日当たりのいい草むらや畑でよく見られるほか、標高3000m付近の山から街の公園まで、いろんな所で飛んでるわ。日本だけでなく、ヨーロッパや北アメリカとかでも見られる生息域の広いチョウよ。

夏に成虫になるもの（夏型）は全体的に大きく、はねの黒い部分が多くなって、秋頃まで見られるわ。幼虫はセロリやニンジンなどセリ科の植物の葉っぱを食べて成長するそうよ。

クロホシタマムシ

コウチュウ目タマムシ科

腹までピカピカ

生息地 北海道、本州、九州　**大きさ** 8〜13㎜

メタリックな緑の体に、黒いホシがちらばるクロホシタマムシ。メスは枯れたミズナラやコナラなどに卵を産み、幼虫はその木を食べて成長します。メイン写真は、伐採されたコナラの上を歩くクロホシタマムシです。右下写真では、身の危険を感じて死んだふり（擬死）をしてます。腹までしっかり輝いてますね！

ちなみに、タマムシのなかまは一般的に体が細長く、触角は短いです。構造色（P12）によって体全体が輝き、英語では「Jewel beetle（宝石の甲虫）」と呼ばれます。

ヨーロッパミヤマクワガタ

5/31

コウチュウ目クワガタムシ科

赤ワインのような輝き

生息地 ヨーロッパ、トルコ、シリア

大きさ オス：37～101㎜　メス：34～51㎜

すずしい気候のヨーロッパには、あまりクワガタがいません。しかし、ミヤマクワガタのなかまは10種ほど生息しています。名前に「深山」とつくほど、すずしい所を好むからです。その1つが、ヨーロッパ最大のクワガタであるヨーロッパミヤマクワガタ。ワインレッドの大アゴが美しいですね。昔から宗教画の中に登場し、1300年代の書物にも神に向かって飛んでいく姿が描かれています。写真は6月のスウェーデンで撮影された、ケンカをしている2匹のオスです。

待ち合わせ（2）

今日はみんなで
あそぶぞ〜い!!
わ〜い!!
わーい!!

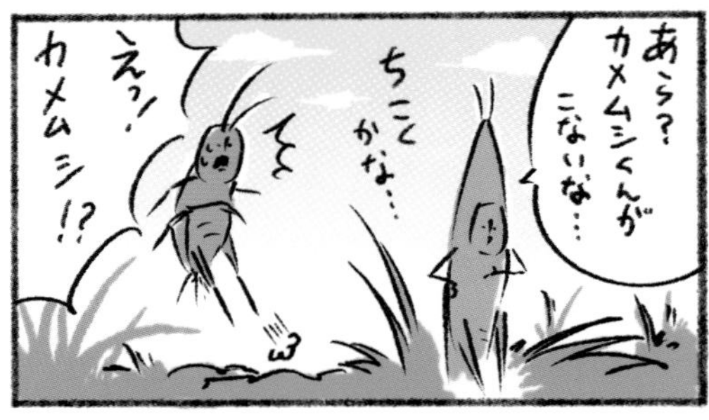
あら？
カメムシくんが
こないな…
ちこくかな…
えっ!
カメムシ!?

カメムシって
いったら
くさい…
どうしよ…
たえられる
かな…
おまたせ

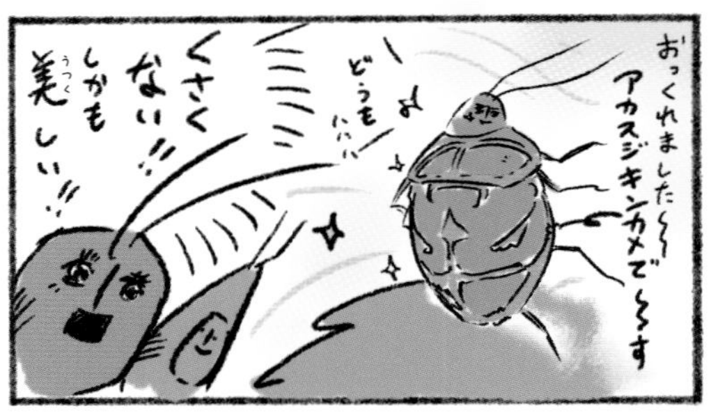
おっくれました〜
アカスジキンカメでぇ〜す
どうも
くさく
ない!!
しかも
美しい!!

チョウトンボ

トンボ目トンボ科

チョウのように舞う

生息地 本州〜九州　**大きさ** オス：34〜42㎜　メス：31〜38㎜

チョウのようにひらひらと飛ぶチョウトンボ。水生植物の多い平地の池とかに多く生息してるわ。後ろばねが広いのも特徴的ね。その美しいはねは構造色（P12）になってて、オスは青紫に輝くわ。メスは青紫のものもいるけど、緑っぽい金色のものが多いみたい。写真は青紫に輝くメスよ。

交尾は飛びながら数十秒で終えるわ。その後、メスは1匹で水辺を飛びながら腹で水面をたたくように卵を産むんだって。

6/2

カノコガ

チョウ目ヒトリガ科

ハチに擬態してるかも？

生息地 北海道〜九州　**前ばねの長さ** 16〜20㎜

黒いはねに半透明に透けた模様があるカノコガ。これが鹿の子模様（子鹿の白い斑点のような模様）に見えるのが名前の由来よ。前ばねは細長く、後ろばねはかなり小さいわ。よく見ると黒い腹には黄色い帯模様があって……もしかしたらハチに擬態してるのかもしれないわね。

カノコガは、日中に草むらをゆっくり飛び回って花の蜜を吸うガよ。幼虫はタンポポやシロツメクサの葉っぱとかを食べるから、道ばたや家の周りでも見られるわ。

クロウリハムシ

コウチュウ目ハムシ科

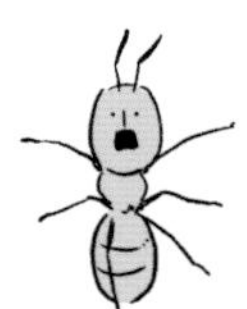

かわいい顔して戦略家

生息地 北海道〜南西諸島　**大きさ** 5.8〜6.7㎜

黒いはねをもつクロウリハムシは、主にウリ科の植物の葉っぱを食べて暮らしています。植物って、かじられると虫が嫌う防御物質を出すんですが、クロウリハムシはその物質を避けるために、まず葉っぱを円形にかじってみぞ（トレンチ）をつくるんです。そのみぞで防御物質を遮断してから、円の内側にある葉っぱをむしゃむしゃ……賢いですよね。この行動を「トレンチ行動」といいます。

ちなみに、クロウリハムシは地域によって色が微妙に異なり、南のほう（伊豆諸島や沖縄県など）では、はねが青っぽいものもいます。

ノコギリタテヅノカブト

コウチュウ目コガネムシ科

ツノもあしも長い

生息地 グアテマラ〜エクアドル

大きさ オス：50〜95㎜　メス：40〜55㎜

頭からノコギリのようにギザギザした長いツノ（写真右側のツノ）が生えているノコギリタテヅノカブト。カブトムシにはめずらしく、細い竹に傷をつけ、そこから流れる汁をなめます。この時、なぜかみんな逆さ向きで竹にしがみつくから不思議です。長いツノがある理由はよく分かっていませんが、長い前あしはケンカに使ったり、交尾の時にメスを抱えたりするのにも活かされるそうです。確かにこの前あしなら、メスを抱えながら細い竹をつかんでも姿勢が安定しそうですね。

トカラノコギリクワガタ

6/5

コウチュウ目クワガタムシ科

素敵なノコギリ

生息地 トカラ列島　大きさ オス：23〜74㎜　メス：20〜38㎜

トカラノコギリクワガタは、日本最大のノコギリクワガタであるアマミノコギリクワガタの亜種（P5）よ。「トカラ」は生息地のトカラ列島が由来なの。勇ましい大アゴと、ツヤっと濃厚な赤茶色の体……ほれぼれしちゃうわよね。学名に「*elegans*（素敵な）」ってついてるのも納得だわ。

そうそう、アマミノコギリクワガタの亜種にはどれも島の名前が入ってて、ほかにもトクノシマノコギリクワガタ、オキナワノコギリクワガタなどがいるわよ。

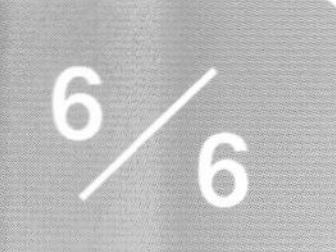

ウスバキチョウ

チョウ目アゲハチョウ科

マイナス30℃も耐える

生息地 北海道（大雪山周辺）　**前ばねの長さ** 25〜30㎜

日本では大雪山の周りにのみ生息するウスバキチョウ。国の天然記念物に指定されているチョウです。メスは6月頃に卵を産み、マイナス30℃にもなる大雪山の冬を卵の状態で越します。2年目の春に幼虫が生まれ、夏の終わりにさなぎになると、そのまま冬を越し、3年目の夏にやっと成虫になるんです。ただ、成虫の寿命は2週間ほど。その間に交尾をして、次の世代に命をつなぎます。

ちなみに、ウスバシロチョウ（P132）と同じく、オスは交尾の際にメスに受胎嚢をつけて、メスがほかのオスと交尾できないようにします。

ミドリシジミ

チョウ目シジミチョウ科

メスには4つの型がある

生息地 北海道〜九州　前ばねの長さ 16〜22㎜

「ゼフィルス」と呼ばれるチョウの1つで、チョウ好きの間では人気者のミドリシジミ。ギリシャ神話に登場する西風の神・ゼフィロスが名前の由来よ。オスのはねは青緑、メスはこげ茶色。メスの前ばねは模様に違いがあり、人間の血液型にならってO型、A型、B型、AB型に分けられてるわ。メイン写真はオス、左下写真はB型のメスよ。ハンノキが生える川や池の周りが好きで、夕方から日没にかけて飛び回り、オスがほかのオスを追いかけたりしてるわ。メスはオスほど活動的じゃなくて、花の蜜を吸ったり葉っぱにとまってることが多いみたい。

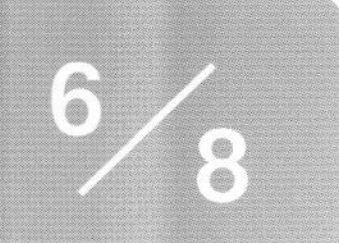

アカガネサルハムシ

コウチュウ目ハムシ科

ブドウ好き

生息地 北海道〜南西諸島　**大きさ** 5.5〜7.5㎜

アカガネサルハムシは、写真のようにはねの一部が赤銅色に美しく輝くハムシよ。この「赤銅」を「あかがね」って読んだのが名前の由来ね。南のほうでは、島ごとに体の色が微妙に異なるみたい。メスはブドウなどの木の根元に卵を産みつけるわ。幼虫は根っこを、成虫は葉っぱを食べるから……ブドウの害虫としておそれられてるの。

そうそう、ハムシのなかまは体に毒があるっていわれてて、それをアピールするために派手な色や模様のものが多いそうよ。

モモチョッキリ

コウチュウ目オトシブミ科

枝をチョッキリ

生息地 北海道〜九州　**大きさ** 7〜11㎜

モモチョッキリは、熟す前のモモの実に卵を産み、それを枝から切り落とすのが名前の由来です。モモ以外にもウメ、リンゴ、ナシなどの実に卵を産み、幼虫はその実を内側から食べて成長します。また、成虫はモモなどの葉っぱを食べます。左下写真は、ケンカをしているモモチョッキリのオスです。カブトムシやクワガタの争いと違って、ちょっとかわいいですね。

ほかにもチョッキリのなかまには、コナラやクヌギなどのドングリに穴をあけて卵を産むものがいます。

6/10

クロイトトンボ

トンボ目イトトンボ科

黒より青？

生息地 北海道～九州　**大きさ** オス：27～36㎜　メス：29～38㎜

名前のわりに黒さを感じさせないクロイトトンボ。どちらかというと青っぽいわよね。黒みが強いのは若い時だけで、オスは成長すると胸に青白い粉が出てくるわ。メスは青だけじゃなく、緑のものもいるんだって。

写真は、オス（左）が腹の先にある器官でメス（右）をつかみ、連結産卵（P144）してるシーンよ。クロイトトンボは水草とかに連結産卵することが多いけど、メスだけで産卵したり、水にもぐって産卵したりすることもあるわ。

ショウリョウバッタ

6/11

バッタ目バッタ科

チキチキバッタ

生息地 本州～南西諸島　**大きさ** オス：40～50㎜　メス：75～82㎜

メイン写真は、突然変異でピンク色になったショウリョウバッタの幼虫です。左下写真が一般的な成虫のオス。ショウリョウバッタは日本最大のバッタで、後ろあしが長いのが特徴です。特にメスはオスの倍近い大きさがあります。オスが飛ぶ時に「チキチキ（キチキチ）」と音を立てるため、「チキチキ（キチキチ）バッタ」と呼ばれることも。ちなみにバッタのなかまは、同じ種でも緑色や茶色のものがいて、ショウリョウバッタも緑色、茶色、緑色と茶色が混ざったものがいます。ピンク色の幼虫は、あくまで例外的な個体です。

6/12

シロオビアワフキ

カメムシ目アワフキムシ科

泡に隠れる

生息地 北海道〜九州　大きさ 全長11〜12㎜

メイン写真は泡の中に隠れて暮らすシロオビアワフキの幼虫よ。幼虫は腹から分泌液を出して、それを気門（腹にある呼吸器官）から出した空気と混ぜて泡をつくるわ。この泡はアンモニアとロウ物質をふくんでて、近づいてきた敵が呼吸できないようにする効果があるの。それでも襲われちゃうことはあるんだけどね……。泡に包まれてよく見えないけど、体は赤と黒の目立つ色をしてるわ。

右下写真は成虫よ。成虫は全体的に茶色く地味な色で、前ばねに白い帯模様があるわ。泡をつくるのは幼虫だけなんだって。

ニシキキンカメムシ

カメムシ目キンカメムシ科

歩く宝石

生息地 本州〜九州　大きさ 16〜20㎜

写真は交尾中のニシキキンカメムシ。左がオス、右がメスです。ニシキキンカメムシは、アカスジキンカメムシ（P138）とともに「歩く宝石」とも呼ばれます。青みのある緑と赤の派手な模様は南国の雰囲気をただよわせますが、ツゲが生える山地などに生息しています。ツゲの原生林は少ないため、限られた地域でしか見られません。

ニシキキンカメムシは、アカスジキンカメムシと同じく幼虫の姿で集団越冬し、春頃に成虫になります。成虫になったばかりの姿は真っ赤です。

6/14

ウマノオバチ

ハチ目コマユバチ科

ウマの尾みたいな産卵管

生息地 本州～九州　**大きさ** 約20㎜

写真はウマノオバチのメスよ。体長の7～9倍もある細長い部分は産卵管。産卵管までふくめると日本最長の昆虫になるの！　これがウマのしっぽに見えることが名前の由来よ。ウマノオバチはこの産卵管を使って、木の中にいるカミキリムシの幼虫に卵を産みつけるわ。生まれてきた幼虫は、カミキリムシの幼虫を食べて成長するのよ。

そうそう、ハチのなかまは、巣の中で卵を産んで幼虫を育てるものより、ウマノオバチのようにほかの昆虫に寄生するハチ（寄生バチ）のほうが多いんだって。

ゲンジボタル

コウチュウ目ホタル科

一生ピカピカ

生息地 本州～九州　**大きさ** 10～16㎜

成虫はもちろん、卵、幼虫、さなぎも光るゲンジボタル。あえて目立つことで「まずい味の虫だぞ」とアピールしているといわれます。光る仕組みはヒカリコメツキ（P54）とほぼ同じです。この光はオスとメスが出会うのにも使われ、オスは飛びながら光り、メスは植物にとまって小さく光ります。また、光るスピードには地域差があり、東日本では３～4秒に1回、西日本では2秒に1回点滅します……不思議ですね。ちなみに、メスは水辺のコケなどに卵を産み、幼虫は水中でカワニナという巻貝を食べて成長します。ホタルの幼虫って、水中にいるんですね！

6/16

ジュウシチネンゼミ

カメムシ目セミ科

次は2038年

生息地 北アメリカ　**大きさ** 約29㎜

ジュウシチネンゼミは、17年に一度大発生するセミ。学名にある「*Magicicada*」は、「Magic(不思議な)」と「Cicada(セミ)」がくっついたものよ。「なんで17年に一度?」って不思議に感じるけど、天敵の鳥やリスなどが食べきれないほど一度に大発生することで、子孫を残せる確率を上げてるそう。最近大発生したのは2021年だから、次はたぶん2038年ね。そうそう、ジュウシチネンゼミは3種、13年に一度発生するジュウサンネンゼミは4種いるんだって。「13」や「17」は素数だから、まとめて「素数ゼミ」って呼ばれてるわ。

コロラドハムシ

コウチュウ目ハムシ科

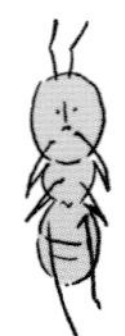

ジャガイモハンター

生息地 アメリカ合衆国、メキシコ、ヨーロッパ、ロシア、中国

大きさ 10～11㎜

英語で「Colorado potato beetle(コロラドのジャガイモの甲虫)」と呼ばれるコロラドハムシ。成虫も幼虫も、ジャガイモの葉っぱや新芽を食べます。もともとアメリカ西部に生息していたんですが、1850年代に中西部でジャガイモに被害を与えているのが発見されると、あっという間に東へ侵入し、1874年には東海岸に到達。1877年にはヨーロッパに上陸しています。ジャガイモが主食の国は大混乱ですよね……。ちなみに「コロラド」という地名とどんな関係があるのかは謎です。

6/18

ウンモンスズメ

チョウ目スズメガ科

図鑑と色が違うことも

生息地 北海道〜九州　**前ばねの長さ** 30〜38㎜

緑色の模様が印象的なウンモンスズメ。後ろばねには赤みがあるわ。街灯の明かりにも飛んでくる夜行性のガよ。雑木林のほか、街路樹のケヤキでも見られるわ。死ぬと色があせるから、図鑑では茶色っぽいものが載ってることもあるみたい。

スズメガのなかまは、はねが三角になっていて飛行機みたいに力強く飛ぶのが特徴よ。それと、口（口吻）の長さが種によって違うわ。これは訪れる花の種類と関係してて、蜜が奥のほうにある花に訪れるスズメガは口も長いんだって。

トビモンオオエダシャク

6/19

チョウ目シャクガ科

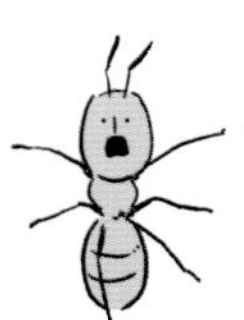

植物になりきる

生息地 北海道〜南西諸島

大きさ 幼虫：70〜90㎜　成虫の前ばねの長さ：28〜38㎜

トビモンオオエダシャクは、夏の初めから秋までを幼虫（メイン写真）で過ごし、さなぎで冬を越します。成虫が見られるのは春のみです。幼虫は植物の上でピンと立ち、枝に擬態します。鳥などに見つからないためです。また、サクラの葉っぱなどを食べて体内に取り込み、体の表面を葉っぱの成分に似せます。においを感じて襲ってくるアリなどから逃れるためです。このように、化学成分を似せる擬態を「化学擬態」といいます。ちなみに、左下写真は成虫です。どこにいるか分かりますか？

ベニイトトンボ

トンボ目イトトンボ科

「国内外来種」との争い

生息地 本州（関東地方から南）〜九州

大きさ オス：32〜43㎜　メス：36〜45㎜

ベニイトトンボは、オスの体が真っ赤なトンボ。暖かい地域に多く生息してるわ。でも、九州ではリュウキュウベニイトトンボと生息地が重なって、リュウキュウベニイトトンボだけになっちゃった地域もあるんだって。関東地方でも、人が持ち込んだと思われるリュウキュウベニイトトンボが見つかってるそうよ。このように、国内の別の地域から持ち込まれて生態系に影響を及ぼすものを「国内外来種」っていうわ。外来種って、外国から入ってくる虫だけじゃないのね。

モノサシトンボ

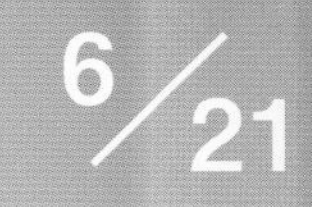

トンボ目モノサシトンボ科

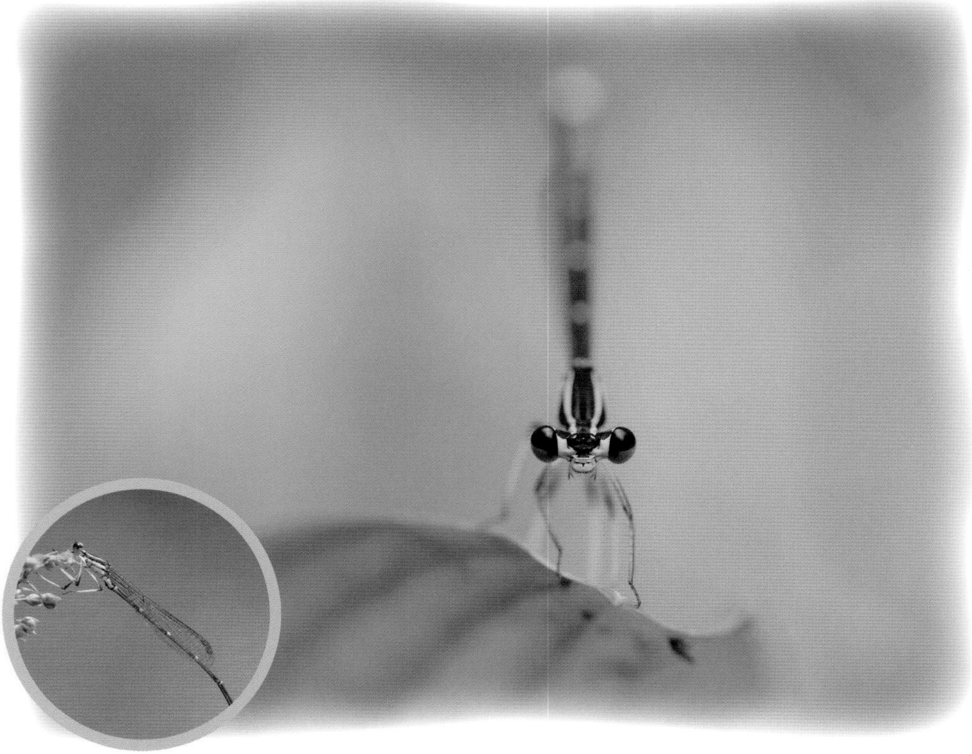

模様がものさし

生息地 北海道〜九州　大きさ オス：39〜50㎜　メス：38〜51㎜

左下写真のように、オスの腹にほぼ等間隔で白い模様があるモノサシトンボ。これをものさしに見立てたのが名前の由来です。オスは水色の体で、あしの一部が白いです。メスはオスより緑がかっています。

モノサシトンボは木に囲まれた薄暗い池などを好み、少しくらいの雨の中なら交尾や産卵をする姿が見られます。梅雨の時期を生き抜くトンボならではの行動かもしれませんね。連結産卵（P144）をすることが多いですが、メスが単独で産卵することもあります。

6/22

コガネムシ

コウチュウ目コガネムシ科

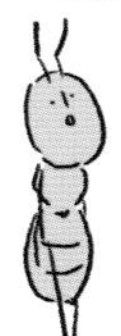

美しいけど悩ましい

生息地 北海道〜九州　大きさ 17〜24㎜

漢字で「黄金虫」と書くコガネムシ。緑や赤紫など、その輝き方はさまざまです。周りの景色を映し込むメタリックな体が素敵ですね！　でも、成虫はクヌギやサクラなどの葉っぱを、幼虫は根っこを食べるため、害虫として嫌われてたりもします。見た目は美しいのに悩ましいですね。

ちなみに、コガネムシの幼虫はツチバチのメスに卵を産みつけられ、ツチバチの幼虫に食べられてしまうこともあります。クヌギはコガネムシに食べられ、コガネムシはツチバチに襲われ……生き物の世界って、いろいろつながってますよね。

シロスジカミキリ

6/23

コウチュウ目カミキリムシ科

日本最大のカミキリ

生息地 本州〜奄美群島　大きさ 44〜55㎜

写真は木をかみ切って外に出てきたシロスジカミキリの成虫よ。名前に「シロスジ」ってあるけど、はねのスジはなぜか黄色なの。死ぬと色が白に変わるから、もしかすると標本とかを見て名前をつけちゃったのかもね。日本最大のカミキリムシで、胸にあるギザギザの部分をすり合わせて「ギーギー」って音を出し、威嚇することがあるわよ。

そうそう、ニューギニア島とかに生息するウォーレスシロスジカミキリは、オスの触角がすごく長くて、250mmほどのものもいるんだって！

6/24

ナナフシモドキ

ナナフシ目ナナフシ科

前あし
頭

7つ以上の節がある

生息地 本州～九州　**大きさ** オス：57～62㎜　メス：74～100㎜

ナナフシモドキは「ナナフシ」とも呼ばれます。漢字では「七節」。「七」は「たくさん」を意味し、腹にたくさんの節があることが名前の由来とされています。一方、ナナフシモドキの由来は「七節」が「たくさんの枝」を表し、「それに似た虫＝モドキ」という説があります。体は緑色や茶色で、飛ぶことはできません。最近の研究では、植物の種に似たナナフシのかたい卵は、鳥が食べても一部が消化されず、フンといっしょに排泄され、そこから幼虫が生まれることも分かっています。メスが鳥に食べられることで腹の卵が遠くへ運ばれ、結果的に生息地を広げてるのかも?

エサキモンキツノカメムシ

6/25

カメムシ目ツノカメムシ科

ハートマークは親の愛？

生息地 北海道～九州、奄美大島　大きさ 11～13㎜

まず目につくのがハートマーク！　前ばねの間にある胸のこの部分を「小楯板」っていうわ。写真は交尾中のメス（左）とオス（右）よ。メスのほうが少し大きくて、交尾の際はメスの腹が上に、オスの腹が下になるわ。このあと、メスは葉っぱの裏に産みつけた卵を体で覆い続けて、幼虫が生まれたあともしばらく見守るんだって。敵が近づくと、はねを広げて臭いにおいを出して追い払うそうよ。

そうそう、エサキモンキツノカメムシに似てるモンキツノカメムシは、小楯板がハートマークじゃなくて、丸みのある三角形のような形をしてるわ。

6/26

マイマイカブリ

コウチュウ目オサムシ科

かぶるから「カブリ」

生息地 北海道〜九州　**大きさ** 26〜65㎜

マイマイカブリの獲物はカタツムリ（マイマイ）。カタツムリの殻に頭を突っ込んで食べる姿が、殻をかぶってるように見えるのが名前の由来だそうよ。「かぶりつく」って意味かと思ってたわ……。頭と胸が細いのは、殻に頭を入れるため。左右の前ばねはくっつき、後ろばねは退化してるから飛べないの。でも、長いあしを使ってすばやく動き回れるわよ。

メイン写真はマイマイカブリ、右下写真はカタツムリを食べるヒメマイマイカブリよ。最初にかみついて消化液を出し、やわらかくしてから食べるんだって。

モンキアゲハ

チョウ目アゲハチョウ科

日本最大のアゲハチョウ

生息地 関東地方〜沖縄諸島　**前ばねの長さ** 春型50〜60㎜　夏型65〜80㎜

モンキアゲハは、日本最大のアゲハチョウ。体全体が黒く、後ろばねに黄色がかった白い模様があり、飛んでいるとよく目立ちます。森の周りで比較的高い所を飛び、時には庭にあるミカン科の植物にやってくることもあるそうです。また、チョウ道（P141）をよく飛んだり、湿った土や河原などで水を吸ったりします。

ちなみに、モンキアゲハの若い幼虫は鳥のフンに似ています。鳥も自分のフンを食べようとはしないでしょうけど……大胆な護身術ですね。幼虫はある程度成長すると緑色になります。これはアゲハチョウのなかまの多くに共通する特徴です。

アカギカメムシ

カメムシ目キンカメムシ科

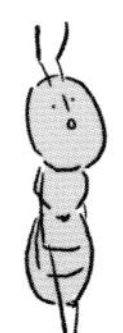

旅するカメムシ？

生息地 南西諸島　**大きさ** 17～26㎜

オレンジ色の体に黒い模様があるアカギカメムシ。その色や模様は1匹ずつ違うそうです。アカメガシワの葉っぱの上で群れる姿がよく見られ、成虫で冬を越します。もともとは東南アジアのカメムシで、日本では南西諸島にだけ生息していましたが、ここ数年で新潟県や北海道でも見つかっています。どうやら、海の上を長距離移動できるようです。

ちなみに、エサキモンキツノカメムシ（P187）などと同じく、メスは卵に覆いかぶさって守り、幼虫がある程度大きくなるまで見守ります。

ハッチョウトンボ

トンボ目トンボ科

一円玉サイズ

生息地 本州〜九州　**大きさ** オス：17〜21㎜　メス：17〜21㎜

ハッチョウトンボの体長は一円玉くらい！　世界的にも最小級のトンボよ。尾州（愛知県）の八丁畷で多く見られたことが名前の由来という説があるわ。

オスは写真のように真っ赤！　一方、メスは黄色や茶色のしま模様で目立たない色をしてるんだって。日当たりのいい湿地が好きで、あまり移動しないそう。だから、湿地の環境が変化すると生き残るのが難しいみたい……。東京ではすでに絶滅してて、関東地方や西日本などの地域で絶滅危惧種に指定されてるわ。

スジブトヒラタクワガタ

コウチュウ目クワガタムシ科

ご長寿クワガタ

生息地 奄美群島　**大きさ** オス：25〜70㎜　メス：26〜37㎜

スジブトヒラタクワガタは日本の固有種。名前の通り、前ばねに太いスジが通ってるわね。ヒラタクワガタのなかまではねにスジがあるのは、かなりめずらしいんだって。スジブトヒラタクワガタは、2〜3年も幼虫で過ごすそう。成虫も2〜3年生きるから、かなり長寿のクワガタね。そういえば、普通のヒラタクワガタ（P263）の成虫も2年、オオクワガタ（P222）の成虫は3年生きるわよ。でもノコギリクワガタ（P246）の成虫は約4カ月、ミヤマクワガタ（P209）の成虫は約2カ月しか生きられないわ。寿命って、種によって全然違うのね。

名前（1）

ギナアアア!!
マイマイカブリ
だあぁ～!!
まぁ
まぁ…
おちついて

だってマイマイに
カブリつくから
マイマイカブリ
だろ…
ハハハハ
ちがう
ちがう

え？
ちがうの？
マイマイに
カブリついて.
マイマイのカラを
カブってるみたいに
みえるから
マイマイカブリね

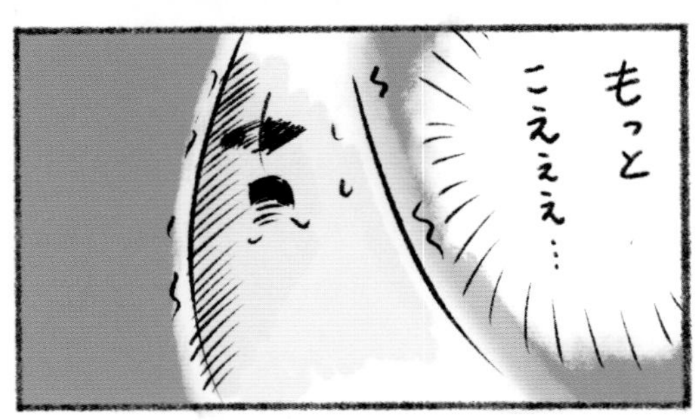
もっと
こえぇぇ…

7/1

アポロウスバシロチョウ

チョウ目アゲハチョウ科

太陽の神が由来

生息地 ヨーロッパ、ロシア　**前ばねの長さ** 約40㎜

「アポロウスバアゲハ」とも呼ばれるアポロウスバシロチョウ。標高1000～3000mの花の多い山の斜面に生息してるわ。ただ、北部では海のほうでも見られるそうよ。ヨーロッパでは有名なチョウだけど、数が減ってきてるんだって。学名にある「*apollo*」は、ギリシャ神話の太陽の神・アポロンにちなんだもの。太くて毛深い体と、白い半透明のはねをもってるわ。日本のウスバシロチョウ（P132）と同じく、オスは交尾の際にメスに受胎嚢をつけて、メスがほかのオスと交尾できないようにするわよ。自分はまたほかのメスと交尾しようとするんだけどね……。

ルリボシカミキリ

7/2

コウチュウ目カミキリムシ科

長い触角＆黒いホシ

生息地 北海道〜九州　大きさ 18〜29㎜

写真は貯木場にいるルリボシカミキリのオスです。カミキリムシの特徴である長い触角がよく分かりますね。ルリボシカミキリは、青いはねに黒いホシがある日本の固有種です。黒い模様があるのは、はねだけではありません。ほら、写真をよく見ると、触角やあしも青と黒に彩られているでしょう？

一般的にカミキリムシの触角は、メスよりオスのほうが長いです。これは、メスのにおいを感じ取るためにオスの触角が発達したからです。ちなみに、カミキリムシは英語で「Longhorn beetle（長いツノの甲虫）」といいます。

テングスケバ

カメムシ目テングスケバ科

カラフルなテング

生息地 本州〜九州　**大きさ** 全長12〜14㎜

テングの鼻のような長い突起をもつテングスケバ。英語でも「Long-nosed planthopper（長い鼻のウンカ）」って呼ばれるけど、この突起は鼻じゃなくて頭！　昆虫には人間の鼻にあたる器官はなくて、触角がにおいを感じ取る役割を担ってるのよね。

テングスケバは、淡い緑の体にオレンジ色の模様があってとてもカラフル！　網目模様のはねは透けてるわよ。「スケバ」は「透けてるはね」って意味なのよね。イネ科の植物の葉っぱを食べるから、田んぼに現れると「害虫」って呼ばれるわ。

ジンガサハムシ

コウチュウ目ハムシ科

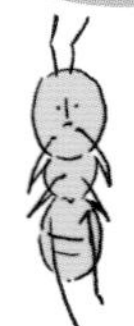

脱皮の殻が盾

生息地 北海道～九州　**大きさ** 7.2～8.2㎜

丸く広がった体をもつジンガサハムシ。透明なはねをもち、中心は金色。その見た目が、足軽などがかぶっていた陣笠に似ていることが名前の由来です。主にヒルガオの葉っぱを食べ、成虫で冬を越します。また、死ぬと金色の部分は水分を失い、輝きがなくなって黒くなります。

ちなみに幼虫は脱皮すると、その殻を体にのせて身を守ります。防御方法が斬新すぎる気が……。左下写真は海外のジンガサハムシのなかまです。表情がかわいらしいですね！

7/5

ジャコウアゲハ

チョウ目アゲハチョウ科

みんなにまねされる

生息地 本州〜南西諸島　**前ばねの長さ** 50〜60㎜

ジャコウアゲハは、毒をもつチョウです。幼虫は有毒物質をふくむウマノスズクサなどを食べ、体内に毒を取り込みます。成虫になってもその毒を体にたくわえているため、敵に狙われにくくなるんです。アゲハモドキやオナガアゲハなどは、ジャコウアゲハに擬態して身を守っていると考えられています。

ちなみに、「ジャコウ」という名前は、オスが腹から出す甘いにおいを、独特な香りのある麝香に見立てたものです。オスはこのにおいを使って、メスを引き寄せているともいわれています。

モンシロチョウ

チョウ目シロチョウ科

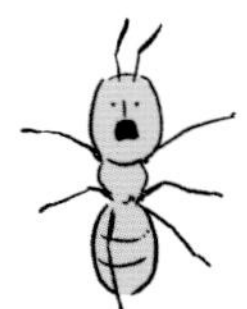

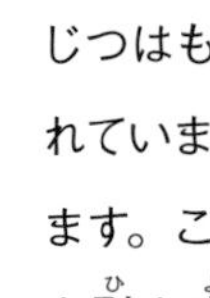

じつは海外出身

生息地 日本全国　**前ばねの長さ** 25〜30㎜

モンシロチョウは、アゲハ（P124）とともに日本で最もなじみのあるチョウです。じつはもともとヨーロッパなどに生息していて、中国から日本にやってきたと考えられています。幼虫は「アオムシ」と呼ばれ、キャベツなどアブラナ科の植物を食べます。このアオムシがキャベツの葉っぱを食べると、キャベツはアオムシコマユバチを引き寄せるにおいを放ちます。やってきたアオムシコマユバチはアオムシの体に卵を産み、生まれてきた幼虫はアオムシを食べて大きくなるんです。キャベツも黙って食べられているわけじゃないんですね！

7/7

アカエゾゼミ

カメムシ目セミ科

「鳴く→飛ぶ」をくり返す

生息地 北海道～九州　大きさ 40～43㎜

目が赤く、胸やはねに濃いオレンジ色の模様があるアカエゾゼミ。山地にあるブナの林に多く生息してて、オスは「ビーン」って少し鳴いてから別の木に飛び移ることをくり返すわよ。

そうそう、黒地の胸にオレンジ色の模様があるエゾゼミや、エゾゼミよりも小さいコエゾゼミって種もいるんだって。ここで紹介した3種をふくめて、日本にはセミが約35種、世界には約2000種生息してるそうよ。

ショウジョウトンボ

7/8

トンボ目トンボ科

赤いサル？

生息地 北海道〜九州　**大きさ** オス：41〜55㎜　メス：38〜50㎜

ショウジョウトンボは、オスの体が真っ赤なトンボ。日当たりのいい水辺を好み、市街地の公園にも生息しています。真夏の水辺を飛び回って交尾と産卵をくり返すアクティブなトンボです。猛暑の日は、よくオベリスク姿勢（P148）でとまっています。また、地域によっては11月頃まで見られるそうです。

ちなみに「ショウジョウ」は、「猩猩」に由来します。猩猩は赤いサルのような姿をした中国の伝説上の動物です。

マメコガネ

コウチュウ目コガネムシ科

ジャパニーズ・ビートル

生息地 北海道〜九州　**大きさ** 9〜13㎜

緑色の小さな体がかわいらしいマメコガネ。でも、大豆などマメ科の葉っぱを食べるため、害虫としても知られています。しかも、その被害は日本国内にとどまりません。1910年代、アヤメの球根についていたマメコガネが日本からアメリカに侵入。果物畑や大豆畑などが大被害を受け、「Japanese beetle(日本の甲虫)」という名でおそれられているんです。「外来種」って聞くと海外の虫をイメージしがちですが、日本の虫だって海外に入れば外来種になるんですよね。

ちなみに、コガネムシのなかまの触角は右下写真のように先が広がります。

ニホントビナナフシ

7/10

ナナフシ目ナナフシ科

交尾したりしなかったり

生息地 本州～沖縄諸島　大きさ オス：36～40㎜　メス：46～56㎜

写真は左を向いてるニホントビナナフシのメスよ。ナナフシのなかまは一般的にオスは発見されることが少なくて、メスだけで単為生殖（P30）をするのよね。それはニホントビナナフシも同じなんだけど、屋久島（鹿児島県）より南だとメスがオスと交尾をして卵を産むそうよ。なんだか不思議ね。

ナナフシのなかまは、危険に気づくと写真のように前あしを前に伸ばして木の枝とかに擬態することが多いわ。動きが遅くて、普通に逃げればつかまっちゃうから、地面にわざと落ちて死んだふり（擬死）をすることもあるんだって。

7/11 オニヤンマ

トンボ目オニヤンマ科

トンボの王様

生息地 北海道〜南西諸島　大きさ オス：82〜103㎜　メス：91〜114㎜

オニヤンマは日本最大のトンボです。メイン写真は成虫になったばかりのオス、右下写真は成長したオス。黄色と黒のしま模様の体と、オニのようなこわい顔をしていることが名前の由来です。オスは川や水路の近くになわばりをもち、「ブンブン」とはねの音を響かせながら飛んでパトロールをします。その最高速度は時速約70kmとも!　ちなみに、幼虫（ヤゴ）は成虫になるまで３〜4年もかかります。ということは、オニヤンマの幼虫が成長している川は、水質が比較的安定している川といえそうですね。

アサヒナカワトンボ

7/12

トンボ目カワトンボ科

名前がどんどん変わる

生息地 北海道〜九州　大きさ オス：43〜66㎜　メス：42〜58㎜

写真はアサヒナカワトンボのオス（左）と、ミヤマカワトンボ（P145）のオス（右）よ。どちらもきれいね！　アサヒナカワトンボは日本の固有種。木の陰がある渓流に多く生息してるわ。オスは、はねの色がオレンジのものと透明のものがいるわよ。メスは透明なものしかいないわ。ニホンカワトンボとよく似てて、見分けるのは難しいみたい。そうそう、カワトンボのなかまは分類が難しくて、以前はアサヒナカワトンボはただの「カワトンボ」って呼ばれてたのよ。さらに前は「ニシカワトンボ」などと呼ばれてたんだって。

7/13 キカマキリモドキ

アミメカゲロウ目カマキリモドキ科

クモの卵の中で育つ

生息地 本州～九州　**大きさ** 約20㎜

三角形の頭やカマのような前あしがカマキリにそっくりなキカマキリモドキ。頭、胸、前あしはカマキリ、腹はハチに似てるわね。カマを使って小さな昆虫とかをとらえて食べるそうよ。幼虫は成長の仕方がすごくユニーク！　生まれてすぐの幼虫は6本のあしがあって、まず地面にいるクモの体にくっつくの。それでクモが卵を産む時に、卵嚢（卵が入った袋）の中に入り込むんだって。その後、卵嚢の中で脱皮してウジ虫みたいな姿になり、クモの卵を食べて成長するのよ。自分のくっついたクモが卵を産むかどうか……それが運命の分かれ目ね。

ミズカマキリ

カメムシ目タイコウチ科

7/14

泳ぐ&飛ぶ

生息地 北海道〜九州　**大きさ** 40〜45㎜（呼吸管を除く）

写真は獲物を待ち構えているミズカマキリ。カマのような前あしや、頭の形がカマキリにそっくりですね！　でもカマキリではなく、タガメ（P311）などと同じカメムシのなかま（カメムシ目）です。普段は池や川の中で、小魚などの体液を吸って暮らしています。呼吸をする時は、腹の先にある2本の長い呼吸管を水面に出します。

環境が変わると、別の場所に飛んでいくことも。わりと深い水辺を好み、よく飛ぶんです。メスは水辺のコケや、泥の中などに産卵します。

7/15

カブトムシ

コウチュウ目コガネムシ科

幼虫のほうが大きい

生息地 北海道〜南西諸島　**大きさ** オス：27〜85㎜　メス：35〜55㎜

日本に4種いるカブトムシの中で、一番有名なのがこのカブトムシよ。クヌギやコナラの樹液に集まるんだけど、オス同士が向かい合うとツノの短いほうが闘わずに逃げちゃうことも多いみたい。ツノって闘うための武器だけじゃなくて、闘わずに決着をつける交渉道具でもあるのかもね。お互い傷つかずに済むし。

そうそう、カブトムシって成虫になると幼虫より数cm小さくなるの知ってた？幼虫って、成虫になるための栄養を体いっぱいにたくわえてるから大きいのよね。

ミヤマクワガタ

コウチュウ目クワガタムシ科

7/16

ミヤマ＝深い山

生息地 北海道〜九州　**大きさ** オス：30〜79㎜　メス：25〜45㎜

ミヤマは漢字で「深山」。ミヤマクワガタは標高の高い所に生息するクワガタよ。大アゴには4〜5の突起（内歯）があるわ。それと、頭にあるエラを張ったような部分が特徴ね。メイン写真のオスは左前あしがないけど、ケンカの時にとれちゃったのかしら？

左下写真は、樹液をなめるメスの上に覆いかぶさって守るオスよ。交尾をしたあともメスを守り、ほかのオスと交尾しないようにするの。この行動を「メイトガード」と呼ぶわ。まぁ、カンタンにいうと浮気防止策ね。

7/17

キクグンバイ

カメムシ目グンバイムシ科

キク科担当

生息地 本州〜九州　**大きさ** 3〜3.5㎜

グンバイムシのなかまは、相撲の行司が持つ軍配うちわに似ていることが名前の由来です。英語では「Lace bug(レースのように編んだ虫)」と呼ばれます。はねの網目模様が、レースのイメージにぴったりですね。日本では種ごとに好む植物が決まっていることが多く、プラタナスグンバイはプラタナスに、ツツジグンバイはツツジに、ナシグンバイはナシにくっついて葉っぱの汁を吸います。

キクグンバイは、黒い体に網目模様の入った透明なはねをもっています。梅雨明け頃から数が増え、成虫も幼虫もヨモギなどキク科の葉っぱの汁を吸います。

シロテンハナムグリ

7/18

コウチュウ目コガネムシ科

白い点々

生息地 本州〜南西諸島　**大きさ** 16〜25㎜

はねや胸に小さな白い点がちらばるシロテンハナムグリ。体は緑っぽい銅色ですが、たまに赤みがあるものもいます。また、クヌギなどの樹液のほか、花の蜜や熟した果物にも集まります。花にもぐるように花粉や蜜を食べるから「ハナムグリ」という名前なのに、樹液もなめるんですね。

ちなみにハナムグリやカナブンのなかまは、飛ぶ時にほとんど前ばねを開きません。少しだけ前ばねを浮かせ、そのすき間から後ろばねを広げてすばやく飛びます。

7/19

グラントシロカブト

コウチュウ目コガネムシ科

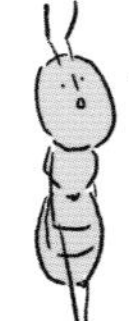

ホワイトヘラクレス

生息地 アメリカ合衆国南部　大きさ オス：35〜85㎜　メス：32〜60㎜

グラントシロカブトは、体の形がヘラクレスオオカブト（P10）に似ていることから「ホワイトヘラクレス」とも呼ばれます。乾燥した砂漠地帯に生息するので、白い体は風景によく溶け込むそうです。

「グラント」はアメリカの南北戦争で活躍した将軍で、のちに大統領にもなったユリシーズ・グラントにちなんだものだといわれています。写真は大きいオスと小さいオス。体の大きさは遺伝だけでなく、幼虫時代にとった栄養の量も影響するそうです。やっぱり成長期にたくさん食べるのって大切なんですね。

イザベラミズアオ

チョウ目ヤママユガ科

ピレネーが育んだ美しさ

生息地 ピレネー山脈（スペイン・フランス国境）

前ばねの長さ 約40㎜

「ヨーロッパで最も美しいガ」ともいわれるイザベラミズアオ。生息地のピレネー山脈は、生物学的に隔離されてるから、ほかでは見られない昆虫が多いそうよ。幼虫はマツの葉っぱを食べて成長するんだけど、生まれてから成虫になるまで約1年かかるわ。成虫の尾状突起（P25）は、メスよりオスのほうが長いんだって。

そうそう、ガのなかまの触角は、写真のようにくし状にギザギザになってたり、先がとがってるものが多いわよ。

7/21

オオムラサキ

チョウ目タテハチョウ科

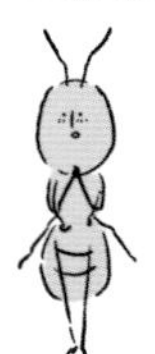

日本の国蝶

生息地 北海道南西部～九州　**前ばねの長さ** 45～60㎜

オオムラサキは日本の国蝶です。大型のタテハチョウで、オスは写真のようなツヤのある青紫のはねをもっています。メスのはねは黒っぽく、オスより大きいです。オオムラサキは腹が太く、まるで鳥のように力強くバサバサと羽ばたきます。雑木林では、カブトムシなどといっしょに樹液を吸っている姿が見られることも。時には樹液をめぐってスズメバチと争ったりもします。

ただ、最近は幼虫が食べるエノキが伐採されたり、樹液のある雑木林が減ったりしているため、オオムラサキの数も減っています。

ハラビロトンボ

7/22

トンボ目トンボ科

腹が広いけど速い

生息地　北海道南部〜九州　大きさ　オス：33〜42㎜　メス：32〜39㎜

ハラビロトンボは、腹が横に広いトンボよ。特にメスは腹の広さが目立つわ。若いオスはメスと同じ黄色っぽい体をしてるけど、時間が経つにつれて胸は黒く、腹は群青色になるんだって。それと、腹に青白い粉が出てくるの。写真はオスね。黄色からこんな色に変わるなんて、まるで別のトンボみたい！

体型的に動きが遅そうに見えるかもしれないけど、すばやく飛ぶわよ。オスは湿地を飛びながら腹を上に反らせて激しくなわばり争いをするんだって。そうそう、九州や南西諸島には腹がとても細いハラボソトンボって種もいるそうよ。

7/23 ゴマダラカミキリ

コウチュウ目カミキリムシ科

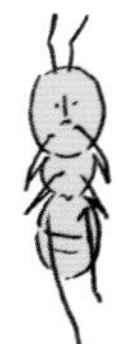

ミカンとの攻防？

生息地 北海道～南西諸島　**大きさ** 23～35㎜

写真はどちらもゴマダラカミキリのオス。触角が体長より長いのがオス、触角が短くて体も小さいのがメスです。成虫は主にミカンやクリの葉っぱや木の皮を食べ、メスは特にミカン好きです。メスが卵を産みつけた木は、幼虫に食べられ枯れてしまうこともあります。最近の研究では、オスはミカンの枝を食べたメスとは交尾をせずに逃げてしまうことが分かっています。枝にふくまれる「β-エレメン」という物質が原因なんだとか。ゴマダラカミキリが増えないよう、ミカンが防御物質を出して対抗してるんですかね？

イラガ

チョウ目イラガ科

漢字は「刺蛾」

生息地　本州〜南西諸島

大きさ　幼虫：約15㎜　成虫の前ばねの長さ：13〜16㎜

メイン写真はイラガのなかまの幼虫です。イラガのなかまは日本に35種ほど生息しています。幼虫はカラフルなものが多く、毛に毒があるものもいます。イラガは漢字でも「刺蛾」ですから、触らないでくださいね。成虫は口（口吻）が退化していて、何も食べません。

左下写真はヒロヘリアオイラガの成虫です。海外から持ち込まれた外来種で、幼虫はサクラやカエデの葉っぱなどを食べ、街路樹に大発生することもあります。

※「生息地」、「大きさ」はヒロヘリアオイラガのデータ。

7/25

リボンカゲロウ

アミメカゲロウ目リボンカゲロウ科

とまるとリボン結び

生息地 ヨーロッパ、アナトリア半島、地中海沿いの北アフリカ

大きさ 約15㎜（前ばねの長さ：約25㎜）

後ろばねが細長く、広げたはねがリボンのように見えるリボンカゲロウ。かわいらしい姿ですね。こんな後ろばねだと飛ぶのに苦労しそうですが、昼間によく飛んでいます。

リボンカゲロウは、ヨーロッパからアフリカにかけていくつか種がいます。写真はギリシャで撮影されたものです。幼虫は乾燥した草原などで、アリジゴク(P224)のように砂の中に生息しています。

コシアキトンボ

トンボ目トンボ科

腰が空白

生息地 本州～南西諸島

大きさ オス：42～50㎜　メス：40～48㎜

真っ黒な体の一部だけが白いコシアキトンボ。この白い部分が空白に見えることから、「コシアキ（腰空き）トンボ」って名づけられたそうよ。木々に囲まれた池のほか、都心の公園にある池とかでもたくさん見られるわ。オスは水面付近になわばりをもってパトロールするから、よく別のオスと争いになるんだって。

そうそう、成虫になったばかりのコシアキトンボは、オスもメスも白い部分が黄色く色づいてるそうよ。それだと「腰が黄トンボ」ね！

7/27

ベニスズメ

チョウ目スズメガ科

すばやくて筋肉質

生息地 北海道～南西諸島　前ばねの長さ 28～32㎜

ベニスズメは、とてもすばやく飛べるガよ。飛行機のつばさのような細いはねと、筋肉がつまった太い胸をもってるの。スズメガのなかまは飛びながら蜜を吸うから、口（口吻）の長いものが多いのよね。そうそう、中央アフリカなどに生息するキサントパンスズメガは、口の長さが約250mmもあるんだって！　バスケットボールの直径ぐらいね。キサントパンスズメガが吸う花は、花の奥のほうに蜜があるの。蜜を吸う昆虫の体にしっかり花粉がつくよう花が進化して、キサントパンスズメガもその蜜を独占して吸うために口が長くなったと考えられてるわ。

ミヤマカラスアゲハ

7/28

チョウ目アゲハチョウ科

カラスアゲハより輝く

生息地 北海道〜九州　前ばねの長さ 春型45〜55㎜　夏型60〜70㎜

ミヤマカラスアゲハは、カラスアゲハ（P141）よりはねが鮮やかに輝くチョウです。1匹のオスが水を吸っていると、ほかのオスも降りてきて集団になることがあります。写真は水を吸うミヤマカラスアゲハのオスです。名前に「深山」とついていますが、海の近くにある林でも見られます。また、日本以外にも中国や韓国に生息しています。

ちなみに、世界には約1万8000種のチョウが生息しています。そのうち、日本にいるのは約250種です。

7/29

オオクワガタ

コウチュウ目クワガタムシ科

クワガタ界の人気者

生息地 北海道〜九州　**大きさ** オス：27〜77㎜　メス：34〜44㎜

日本にいる40種ほどのクワガタの中で、一番人気なのがオオクワガタよ。オスの大アゴにある立派な突起（内歯）が特徴的ね。右下写真の赤丸部分よ。

成虫になるまで約3年、成虫になってからさらに3年生きるんだって。人間が飼ってる成虫は4年近く生きることも！　でも、長生きするために音や光を感じるとすぐに木の穴とかに隠れちゃうから、見つけるのが難しいわよ。その分、見つけた時の喜びも大きいから人気者なのかもね！

シロコブゾウムシ

コウチュウ目ゾウムシ科

7/30

デコボコ

生息地 本州～九州　**大きさ** 15～17㎜

こぶのようにデコボコしたかたいはねをもつシロコブゾウムシ。写真は急いで走ってるようにも見えますが、普段の動きはゆっくりです。マメ科の植物に集まり、危険を感じると死んだふり（擬死）をして葉っぱから落ちます。

ちなみに、日本で見られるゾウムシのなかまには、メスしかいない種がいます。これはメスだけで単為生殖（P30）をしているからです。また同じ種の中に、交尾をしてから卵を産むメスと、交尾をせずに卵を産むメスがいることもあります。なんでそうなるのか……不思議ですね。

7/31

アリジゴク（ウスバカゲロウの幼虫）

アミメカゲロウ目ウスバカゲロウ科

地獄の落とし穴

生息地　北海道～南西諸島

大きさ　幼虫：12㎜　成虫の前ばねの長さ：35～45㎜

地面に広がる無数の穴！　これはすべてアリジゴクの巣です。アリジゴクとは、ウスバカゲロウの幼虫（右下写真）のこと。彼らは地面に穴を掘り、すりばち状の巣をつくります。そこにすべり落ちてきたアリをアゴでつかみ、巣の奥に引き込んで体液を吸うのです。最後はアリを穴から外へポイッ……まさに地獄の落とし穴ですよね。成長したアリジゴクは、アリだけではなくダンゴムシなども食べるようになります。ちなみに、ウスバカゲロウは見た目がトンボに似た昆虫です。

名前（2）

よいこの
みんな〜〜!!
オレの名前を
しってるかし〜〜い!!
ミヤマクワガタ〜!!

お！
よくしってるね〜
かんたんさ!!
うしろ
むいて

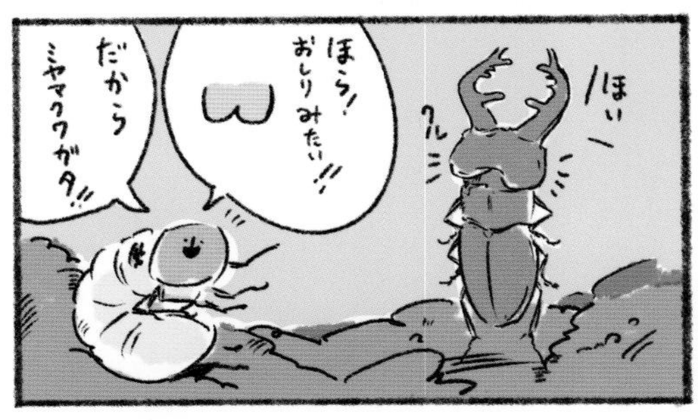
ほい
クル
ほら！
おしりみたい!!
だから
ミヤマクワガタ!!

おっ……
おしり……
耳状突起
といいます。

ヨーロッパタイマイ

チョウ目アゲハチョウ科

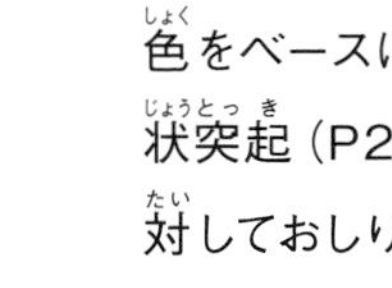

畑によく現れる

生息地 ヨーロッパ、ロシア、中央アジア　**前ばねの長さ** 約35㎜

ヨーロッパタイマイは果物畑に多く生息するチョウよ。はねは表も裏も、乳白色をベースに、数本の黒い線が通ってるの。後ろばねには、右下写真のような尾状突起（P25）と目玉模様もあるわ。突起だけじゃなく目玉もつけることで、敵に対しておしりを頭だと錯覚させてるそうよ。

そうそう、ヨーロッパタイマイは英語で「Scarce swallowtail（めずらしいアゲハチョウ）」って呼ばれるわ。でも、わりとよく見られるチョウだから……不思議ね。

シボリアゲハ

チョウ目アゲハチョウ科

シボリアゲハは4種いる

生息地 インド北部、ブータン、ミャンマー　**前ばねの長さ** 約50㎜

シボリアゲハのなかまは、シボリアゲハ（写真）、シナシボリアゲハ、ウンナンシボリアゲハ、ブータンシボリアゲハの4種。その中でも特に有名なのがブータンシボリアゲハです。「ヒマラヤの貴婦人」と呼ばれるこのチョウは、1930年代に発見されてから約80年もの間、見つかることがありませんでした。しかし2011年、日本の調査隊がブータンシボリアゲハを再発見。これがきっかけでブータンの国蝶に指定されたんです。ちなみに、ブータンシボリアゲハのメスはアゲハチョウの中でもめずらしく、200以上もある卵のかたまりを葉っぱに産みつけるんですって！

マツモムシ

カメムシ目マツモムシ科

背泳ぎが得意

生息地 北海道～九州　大きさ 11～14㎜

マツモムシは、腹を上にして水面付近を移動するユニークな昆虫です。普段からこの姿勢でただよい、長い後ろあしでこぐように泳ぎます。水面で獲物を見つけると、すごいスピードで一直線。つかまえた獲物の体液を、仰向けのまま吸いはじめます。タガメ（P311）などと同じように口（口吻）が針のようにとがっていて、手でつかむと刺されることもあるので気をつけましょう。

右下写真のように水中から出たり、飛ぶこともあります。ちなみに名前は、マツモなどの水草が生える所に生息することが由来ともいわれています。

ハグロトンボ

トンボ目カワトンボ科

なわばり意識が強い

生息地 本州～九州　**大きさ** オス：57～68㎜　メス：54～66㎜

黒いはねと緑色の体をもつハグロトンボ。写真はなわばり争いをする2匹のオスよ。オスはなわばり意識が強いから、夏の小川の水面近くではこのような光景がよく見られるわ。仲良く飛んでるようにも見えるけど……ケンカしてるのね。メスは、はねだけじゃなく体も黒っぽいわ。普通は1匹で卵を産むけど、そのそばでオスが産卵を見張ってることもあるそうよ。

そうそう、ハグロトンボと同じカワトンボのなかま（カワトンボ科）は、だいたいはねに色があるわよ。ひらひらと羽ばたくから、そこまで速く飛ばないんだって。

スミナガシ

チョウ目タテハチョウ科

すだれをつくる

生息地 本州〜南西諸島　**前ばねの長さ** 30〜45㎜

流れる水に墨を落としたような模様であることが名前の由来のスミナガシ。日中は樹液や動物のフンのほかに、湿った地面にも集まり、赤い口（口吻）を使って水を吸うわ。驚くとすばやく飛び去るそうよ。オスは夕方になると山頂などを飛び回ってなわばりをアピールするわ。幼虫はアワブキの葉っぱを食べるだけじゃなく、口のあたりから糸を出して、切り取った葉っぱをつないですだれみたいに吊るす習性があるの。これは鳥とかから身を守るカモフラージュになってるみたい。さなぎは枯れ葉のような形で、虫食いの跡みたいにへこんだ部分もあるわ。

オオセイボウ

ハチ目セイボウ科

巣がないハチ

生息地 本州〜南西諸島　大きさ 12〜20㎜

エメラルド色の輝きが素敵ですね！　セイボウは漢字で「青蜂」（青いハチ）と書きます。セイボウのなかまで特に大きいのがオオセイボウです。体の色は青みの強いものや、赤みの強いものもいます。

オオセイボウは、巣をつくらずにほかのハチに寄生する寄生バチ（P176）です。メスはスズバチなどの巣に穴をあけ、卵を産みつけ、やがて生まれてきた幼虫は、スズバチの幼虫を食べて育ちます。

クマゼミ

カメムシ目セミ科

日本最大級のセミ

生息地 本州（関東地方から南）〜南西諸島　大きさ 40〜48㎜

メイン写真はクマゼミ（右）とニイニイゼミ（左）（P266）。クマゼミは日本最大級のセミです。特に西日本に多く、主に午前中に「シャワシャワシャワ」と鳴き、昼を過ぎると鳴き声が聞こえなくなります。

右下写真は成虫になったばかりのクマゼミです。幼虫が成虫になるのは、敵に見つかりにくい夜。最初は白くやわらかい体をしていますが、だんだん色がついてかたくなり、朝方には立派な成虫になります。

ウラモジタテハ

チョウ目タテハチョウ科

まるで背番号

生息地　中央アメリカ～南アメリカ　前ばねの長さ　18～21㎜

　ウラモジタテハは、はねの裏側に数字が見えるチョウよ。ペルーでは「88」「89」などの数字が、そのままウラモジタテハの呼び名になってるんだって。湿った道や川沿いで、はねを閉じて水を吸うからこの数字がよく目立つわよ。オスは午前中に見晴らしのいい場所で、はねを広げてなわばりをアピールするわ。

　メイン写真は「88」、左下写真は「89」っぽく見えるウラモジタテハね。ほかにも「80」に見えるものとかもいるわよ。

ベニモンマダラ

チョウ目マダラガ科

体の中で毒をつくる

生息地 北海道、本州（東北地方〜中部地方の山地）　**前ばねの長さ** 14〜16㎜

ベニモンマダラは、メタリックなはねに赤色（紅色）の模様がちらばるガです。腹にも赤い模様があります。オオゴマダラ（P36）のようなチョウは、幼虫時代に食べた植物の毒を体にたくわえているのですが、マダラガのなかま（マダラガ科）は体内で毒をつくります。そして昼間に活動し、派手な姿であえて目立つことで、鳥などの天敵に「毒があるぞ」とアピールしているんです。

また、マダラガのなかまには、毒をもつマダラチョウと似た姿の種もいます。これはミュラー型擬態（P106）です。

ツノトンボ

アミメカゲロウ目ツノトンボ科

ツノがあるトンボ？

生息地 本州～九州　**前ばねの長さ** 37～40㎜

まるでトンボにツノが生えたように見えるツノトンボ。でも、トンボじゃなくてウスバカゲロウ（P224）に近いなかまよ。ツノに見える部分は触角なの。オスは赤茶色、メスは黄色い体をしてるわ。写真はオスね。幼虫は見た目がアリジゴクに似てて、石の下とかに隠れて暮らし、昆虫などの獲物をとらえる時は地面を歩き回るわ。

そうそう、ツノトンボはさなぎを経て成虫になる完全変態（P71）の昆虫だけど、トンボはさなぎの時期がない不完全変態の昆虫よ。あと、トンボの触角は短いわ。

8/11

ウスバカマキリ

カマキリ目カマキリ科

色が薄め

生息地 北海道南西部から南　大きさ オス：50～66㎜　メス：59～66㎜

ウスバカマキリは、ほかのカマキリより色が少し薄く、数が少ないです。カマのつけ根に黒い模様があり、草むらや河原などに生息しています。写真はどちらもウスバカマキリのオス。カマキリのなかまは、同じ種でも緑色のもの（緑色型）と茶色のもの（褐色型）がいます。ちなみに、カマキリは英語で「Praying mantis」。「Pray」は英語で「祈る」、「mantis」はギリシャ語で「預言者」という意味です。それを知ると写真のウスバカマキリも、なんとなくお祈りしているように見えてきますね。日本でもカマキリは「おがみ虫」と呼ばれることもあります。

シロスジコガネ

コウチュウ目コガネムシ科

駆除されたり保護されたり

生息地 北海道〜九州　**大きさ** 24〜32㎜

胸と前ばねに白いスジがあるシロスジコガネ。マツが生える海岸の砂地で暮らし、街灯に飛んでくることもある夜行性のコガネムシよ。威嚇する時の鳴き声が「キューキュー」って、かわいいのよね……まぁ、怒ってるんだろうけど。オスの触角はメスよりかなり大きくて、マメコガネ（P202）みたいに先のほうが数本に分かれて広がるわ。成虫はマツの葉っぱ、幼虫は根っこなどを食べるの。そうそう、昔はマツの害虫として農薬で駆除されたこともあったみたい。最近は海岸の開発とかでさらに数が減っちゃって、県によっては絶滅危惧種に指定されてるわ。

8/13

オオスカシバ

チョウ目スズメガ科

はねが透明なガ

生息地 本州（関東地方から南）〜南西諸島　**前ばねの長さ** 25〜30㎜

オオスカシバは漢字だと「大透翅」。りん粉のない透明なはねをもつめずらしいガよ。成虫になりたての頃は白いりん粉があるんだけど、はねをふるわせて全部落としちゃうの。普段は昼間にホバリングしながら花の蜜を吸ってるわ。この姿や行動は、ハチに擬態してると考えられてるんだって。それと、飛ぶ時におしりにある黒い毛が開く不思議な習性があるそうよ。

そうそう、ガやチョウのはねの色は、りん粉の色素によって決まるの。モルフォチョウみたいに構造色（P12）で輝くものは別だけどね。

マルタンヤンマ

トンボ目ヤンマ科

オスだけ水色

生息地 本州〜九州　**大きさ** オス：65〜81㎜　メス：72〜84㎜

マルタンヤンマのオスは、美しい水色をしています。メスは黄緑色で、時間が経つにつれてはねが茶色っぽく色づきます。ちなみに、名前にある「マルタン」は、フランスの昆虫学者の名前です。

自然豊かな池を好むトンボですが、都市の公園で見られることもあります。朝と夕方に飛び回り、日中は写真のように枝にとまって休んでいることが多いです。普段は木の高い所にとまりますが、暑い時は下のほうにとまっていることもあります。

8/15

シロヒトリ

チョウ目ヒトリガ科

こう見えて威嚇もする

生息地 北海道〜九州　**前ばねの長さ** 30〜35㎜

一見真っ白に見えるシロヒトリ。ちょっとミステリアスな妖精みたいよね。でも、敵が近づくとはねをあげ、腹にある赤い模様を見せて威嚇するガよ。

ほかにも日本には、はねに黒いゴマ模様があるアメリカシロヒトリっていう外来種も生息してるわ。第二次世界大戦後に、アメリカ軍の物資にまぎれ込んでやってきたみたい。幼虫がサクラ、バラ、コナラとか600種ほどの植物を食べるから、大発生した時に葉っぱを食い荒らすことが問題になってるわ。

アブラゼミ

カメムシ目セミ科

めずらしいセミ？

生息地 北海道〜九州　大きさ 36〜38㎜

茶色いはねをもつアブラゼミは、日本で最もよく知られているセミの1つ。名前の由来には、「『ジージリジリ』という鳴き声が揚げものを揚げる音に似ている」などの説があります。山地から街の公園まであちこちで見られますが、透けてないはねをもつセミは世界ではめずらしく、海外の昆虫研究者などは喜んでつかまえるそうです。ちなみに、松尾芭蕉の『おくのほそ道』に収録されている「閑さや岩にしみ入る蝉の声」という俳句は、アブラゼミかニイニイゼミかで論争が起きたことがあります。最終的には「ニイニイゼミが有力」となったんですけどね。

8/17

キオビエダシャク

チョウ目シャクガ科

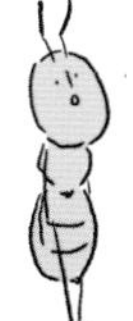

きれいなガには害がある？

生息地 南西諸島　前ばねの長さ 28〜32㎜

はねにオレンジ色（黄色）の帯模様があるキオビエダシャク。はねのつけ根あたりが青く輝くカラフルなガで、昼間に飛びます。もともと南西諸島が生息地でしたが、最近は九州でも見られるそう。幼虫にもオレンジ色の模様があり、イヌマキの葉っぱを食べ尽くしてしまうことがあるため害虫としておそれられています。

ちなみに、シャクガのなかま（シャクガ科）の幼虫を「シャクトリムシ」といいます。手で長さをはかる（尺を取る）ような動きで移動することが名前の由来です。

ヨナグニサン

チョウ目ヤママユガ科

日本最大のガ

生息地 八重山列島　**前ばねの長さ** 95～125㎜

日本最大であり、世界最大級のガであるヨナグニサン。与那国島（沖縄県）で発見されたことが名前の由来よ。幼虫も大きくて、さなぎになる前は体長約100mm。ハガキの横の長さくらいね。かつてはさなぎが大量につかまえられて、成虫になったものが標本で売られてたの。でも、1985年に沖縄県の天然記念物に指定され、現在は保護されてるわ。台湾や東南アジアにも生息してて、台湾では「蛇頭蛾」って書くそうよ。確かに前ばねの先がヘビみたいね！　英語では「Atlas moth（アトラスのガ）」って呼ばれるわ。ギリシャ神話に登場する巨人・アトラスにちなんだ名前ね。

8/19

リスアカネ

トンボ目トンボ科

「リス」は人の名前

生息地 北海道〜九州　大きさ オス：34〜46㎜　メス：31〜42㎜

メイン写真は成虫になったばかりのリスアカネのメスよ。トンボのなかまは、幼虫（ヤゴ）の間は水中で生活するの。大きくなった幼虫は水上に出て植物とかにつかまり、背中を破って成虫が現れるわ。その後、背中に体液を送ってはねを広げ、しばらくすると飛び立つの。リスアカネのオスは右下写真のように赤くて、「アカトンボ（P294）」って呼ばれるわ。木に囲まれた池とかを好むけど、秋の終わりには日当たりのいい場所でも見られるんだって。そうそう、リスアカネの「リス」は動物じゃなくて、イギリスのトンボ学者の名前である「Ris」にちなんだものだそうよ。

コシボソヤンマ

トンボ目ヤンマ科

キュッとしてる

生息地 北海道～九州　大きさ オス：77～89㎜　メス：80～92㎜

コシボソヤンマは、腹の一部が極端にくびれて細くなっています。ただし、ヤンマのなかま（ヤンマ科）は、コシボソヤンマ以外にもくびれているものが多いです。コシボソヤンマは木に囲まれた薄暗い川に多く見られ、夕方頃に川の水面近くを飛びます。また、水中で生活する幼虫（ヤゴ）は、身の危険を感じると死んだふり（擬死）をします。

ちなみに奄美群島から南の地域には、腹の前のほうがふくらんでいるコシブトトンボという種もいます。

8/21

ノコギリクワガタ

コウチュウ目クワガタムシ科

小さいほうがノコギリっぽい

生息地 北海道〜九州　**大きさ** オス：26〜75㎜　メス：25〜41㎜

名前の通り、ノコギリのような大アゴをもつノコギリクワガタ。個体差があって、大きいオスほど大アゴの曲がり具合も大きくなるわ。逆に小さいオスは大アゴが短くて直線的になるから、まさにノコギリっぽく見えるわよ。写真のオスはわりと大きいわね。基本的に夜行性だけど、昼に活動してるものも結構いるみたい。

そうそう、クワガタってすごく強そうに見えるけど、危険を感じた時は死んだふり（擬死）もするんだって。

ゴホンヅノカブト

コウチュウ目コガネムシ科

竹が好き＆平和的

生息地 インド～中国　**大きさ** オス：45～86㎜　メス：40～60㎜

ゴホンヅノカブトは、4本の短いツノが胸に、1本の長いツノが頭にあるカブトムシよ。はねはクリーム色だけど、死ぬと茶色っぽくなるわ。図鑑の標本とかを見ると、きっとこの写真よりはねが茶色いわよ。生息地は標高の高い竹林。ゴホンヅノカブトは、細く伸びた竹の新芽の汁が大好きなの。だから成虫が現れる時期は、竹の新芽が出てくる時期といっしょよ。

性格はおとなしくて、あまり闘おうとしないわ。カブトムシやクワガタって好戦的なイメージがあるけど、ケンカを好まない種もわりといるのよね。

8/23

アオカナブン

コウチュウ目コガネムシ科

山で樹液探し

生息地 北海道～九州　大きさ 22～29㎜

明るい緑色の体をもち、主に山地に生息するアオカナブン。メイン写真では2匹が樹液を夢中でなめていますね。でも、あとから来たカブトムシに追い払われてしまうこともあります……。

右下写真はカナブンです。アオカナブンより体が少し横に広く、赤銅色のものが多いです。ただ、中にはアオカナブンのような緑色のものもいます。日本にはほかにも、体が黒いクロカナブンなども生息しています。ちなみにカナブンは、金属光沢の体をもつブンブン飛ぶ虫であることが名前の由来です。

ミンミンゼミ

カメムシ目セミ科

寿命がよく分からない

生息地 北海道南部〜九州　**大きさ** 33〜36㎜

ミンミンゼミの大合唱は夏の代名詞！　街の中にも多くて、オスは夜明けから夕方まで大きな音で「ミーンミンミン」って鳴くわ。よく見ると体にエメラルド色の模様があって、腹は短く、ほかのセミより丸みがある印象ね。幼虫の期間は5年ほどって考えられてるけど、詳しくは分かってないそう。こんな身近な虫なのに、まだ知られてないことがあるのね！

そうそう、成虫の寿命は数週間から1カ月ほどしかないの。……ってことを知ると、暑さを倍増させるあの鳴き声も、少し優しい気持ちで聞くことができるかも？

ナミルリモンハナバチ

ハチ目ミツバチ科

幸せを呼ぶ青いハチ

生息地 本州～九州　**大きさ** オス：10～13㎜　メス：11～14㎜

青と黒のしま模様が美しいナミルリモンハナバチ。絶滅危惧種に指定されている地域もあるほどあまり見られないハチで、「幸せを呼ぶ青いハチ」と呼ばれることも。花から花へと活発に飛び回ります。メスはスジボソフトハナバチなどの巣に卵を産み、生まれた幼虫は巣に集められた花粉を食べて成長するそうです。巣を借りるだけじゃなく、エサも食べちゃうんですね。

ちなみにファーブルは、昆虫の巣に戻る本能（帰巣本能）について研究する際、ハナバチのなかまを研究材料にしています。

ヨツスジトラカミキリ

8/26

コウチュウ目カミキリムシ科

まるでハチ

生息地 本州（関東地方から南）〜南西諸島　**大きさ** 14〜20㎜

体が黄色い毛に覆われ、黒いスジが通っているヨツスジトラカミキリ。これって完全にハチの色よね？　たぶんハチに擬態して「毒があるぞ」って周りに警告しているんだわ……ホントは無毒だけどね。黄色と黒の組み合わせは、人間の世界でも踏切とかで危険を知らせる色に使われてるでしょ？　それといっしょかも。

そうそう、ハチやアリは擬態されることが多い昆虫なの。刺したりかんだり毒をもっていたり、ほかの生き物や昆虫にこわがられてるから、まねするにはうってつけなのよね。

8/27

オナガサナエ

トンボ目サナエトンボ科

いろんな産卵方法

生息地 本州〜九州　大きさ オス：58〜66㎜　メス：55〜62㎜

オナガサナエは、オスの腹の先が長いのが名前の由来で、日本の固有種なんだって。写真は腹の先に卵を抱えたメス。丸いオレンジ色の部分が卵塊（卵のかたまり）よ。メスはこの卵塊をホバリングしながら産んでいくわ。

そうそう、トンボのなかまは種によって産卵方法が違うの。水上から水面に卵を産み落とすもの、水辺や水中の植物に卵を産みつけるもの、写真のように空中から卵を産み落とすものなどさまざま。同じ種でも産み方が違うこともあるそうよ。

ゴマシジミ

チョウ目シジミチョウ科

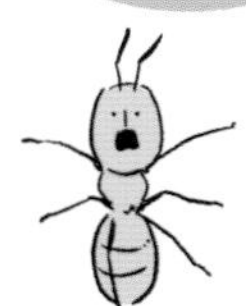

育ての親はアリ

生息地 本州〜九州　前ばねの長さ 18〜22㎜

ゴマシジミは、幼虫の暮らしが独特です。メスはワレモコウという花のつぼみに産卵し、卵から生まれた幼虫は花を内側から食べて成長します。ある程度大きくなると、幼虫はおしりから甘い汁を出し、それをもらったハラクシケアリ隠蔽種群※が幼虫を自分の巣に運んでいくんです。そのあと、ゴマシジミの幼虫は巣の中でアリの幼虫を食べて成長します。この時、アリに攻撃されることはなく、それどころかアリの女王と同じ音を出して、エサも運んでもらっているんだとか。やがてさなぎから成虫になると、急いで巣の外へ出ます。成虫はアリに襲われるからです。

※見た目が似ている数種のアリ。かつては「シワクシケアリ」という1種のアリにくくられていた。

アカハネナガウンカ

カメムシ目ハネナガウンカ科

マンガに出てきそうな顔

生息地 本州～九州　**大きさ** 全長9～10㎜

赤っぽい体と、長く透明なはねをもつアカハネナガウンカ。ススキやサトウキビなどイネ科の植物によくとまってて、その汁を吸うわよ。

白い眼（複眼）にある黒目のような点は「偽瞳孔（P59）」。横から見れば横に、前から見れば前に……どこからでもこちらを向いてるように見える不思議な部分なの。時には寄り目に見えたりもするんだって。なんだかマンガのキャラクターっぽくてかわいいかも。小さいけど表情豊かな虫ね！

ヒグラシ

カメムシ目セミ科

カナカナ

生息地 北海道南部〜奄美大島　**大きさ** オス：29〜38㎜　メス：21〜25㎜

薄暗い林の中で、明け方や夕方に「カナカナ」と鳴くヒグラシ。鳴き声にちなんで「カナカナ」と呼ばれることもあります。夕暮れに鳴くことが名前の由来ともいわれますが、雨が降る前に暗くなったりすると日中に鳴くことも。ほかのセミより落ち着きのある鳴き声は、すずしげで風情があります。

ヒグラシは秋の季語ですが、成虫が現れるのは6月下旬頃から。ほかのセミと同様、幼虫は植物の根っこの汁を、成虫は木の樹液を吸うため、口（口吻）は針のようにとがっています。

8/31

フェモラータオオモモブトハムシ

コウチュウ目ハムシ科

メタリックな外来種

生息地 東南アジア　**大きさ** 15〜20㎜

もともとは東南アジアに生息するフェモラータオオモモブトハムシ。日本では飼育目的で輸入されたものが逃げて広がり、三重県松阪市周辺に定着したといわれてるわ。屋外で最初に見つかったのは2006年のこと。わりと最近ね。

メスが卵を産むのはクズの茎（ツル）よ。生まれてきた幼虫は茎の中に「虫こぶ」と呼ばれるこぶみたいな空間をつくって、その中で成長するの。やがて夏が近づくと、虫こぶを食い破って成虫が現れるわ。そうそう、幼虫は昆虫食として食べられたりもしてるんだけど……その味は賛否両論よ。

思い込み (1)

カナカナ
カナカナカナ
あれ？
ヒグラシさん？

え…
そうですけど…
いがいと
元気そうで!!

まっ…
まあ…
もっとやせほそって
るのかと思ってた…
しかし
まいにちまいにち
たいへんですね
その日その日…ね…

えっ…まって
ヒグラシって
「その日ぐらし」とか
思ってない？、
思われて
ました。

9/1

アオバハゴロモ

カメムシ目アオバハゴロモ科

学名が「芸者」

生息地 本州～南西諸島　**大きさ** 全長9～11㎜

淡い緑のはねの周りに、薄紅色のスジがあるアオバハゴロモ。見た目は美しいんだけど、ミカンやクワの木などの汁を吸う害虫としておそれられてるの。群れで茎や枝にくっつくことも多くて、その光景はつぼみや新芽のようにも見えてくるわ。幼虫も淡い緑だけど、体全体が綿毛のようなロウ物質に覆われてるから見た感じは真っ白！　でも、そのロウ物質の役割はよく分かってないんだって。

そうそう、アオバハゴロモの学名に「*Geisha*（芸者）」ってあるのは、芸者のように美しいからともいわれてるそうよ。

アサギマダラ

チョウ目タテハチョウ科

9/2

2500kmも飛んだ

生息地 関東地方から南　**前ばねの長さ** 55～60㎜

アサギマダラは、りん粉が退化してほとんどありません。そのため、はねは透き通るような薄い青緑色（浅葱色）をしています。長距離移動するチョウとしても有名で、春から夏にかけて台湾などから北上し、夏の終わりから冬にかけてまた南へと戻っていきます。その際、ほとんどはねを動かさずに風に乗って飛ぶそう。はねに印をつけたマーキング調査では、82日間かけて和歌山県から香港までの約2500kmを移動したことも確認されています。左下写真はリュウキュウアサギマダラです。オスはヘアペンシル（腹の先）からにおいを出して、メスにアピールします。

9/3

ヤマトタマムシ

コウチュウ目タマムシ科

日本一美しい甲虫

生息地 本州〜沖縄島　**大きさ** 25〜40㎜

一般的に「タマムシ」と呼ばれるのが、ヤマトタマムシです。タマムシの「タマ」とは宝石のこと。体全体が緑と赤に輝くヤマトタマムシは「日本一美しい甲虫」といわれ、法隆寺（奈良県）の宝物の飾りには数千匹分のはねが使われました。見る角度によってはねの輝き方が変わるのは、鳥から身を守るためだと考えられています。鳥は光るものが苦手ですからね。死んだあともその美しさは失われず、現存する日本最古の昆虫標本（1830年〜1844年に作製）の中にあるヤマトタマムシは、いまだに輝きを保っています。

オオカマキリ

カマキリ目カマキリ科

日本最大級のカマキリ

生息地 本州～南西諸島　**大きさ** オス：68～92㎜　メス：77～105㎜

オオカマキリは、世界的に見ても大きなカマキリよ。写真は交尾をするメス（左）とオス（右）。メスは植物の茎や枝とかに「卵鞘」っていう卵のかたまりを産むの。1つの卵鞘には卵が200個以上あるけど、その中で成虫になれるのは数匹だけ……厳しいわよね。卵鞘の形は種によって違うわよ。

そうそう、カマキリのなかまは交尾中にオスがメスに食べられちゃうことがあるのも有名よね。中には交尾前に食べられちゃう気の毒なオスもいるんだって。

ヤマトシリアゲ

シリアゲムシ目シリアゲムシ科

プレゼント大作戦

生息地 北海道〜九州　**大きさ** 13〜20㎜

ヤマトシリアゲは、オスがおしりをクルッと上にあげている面白い昆虫です。春頃に現れるものは黒っぽくて体が大きく、夏以降に現れるものは写真のように黄色くて小さい体をしています。黄色と黒の組み合わせはハチのようですね。オスは交尾の前に獲物をとらえてエサを用意し、フェロモンを出してメスを引き寄せます。しばらくしてメスが近づいてくると、用意していたエサをプレゼント。メスが食べている間に、交尾を始めるのです。ちなみに、オスはできるだけ大きなエサをプレゼントするそう。そのほうが交尾の時間を長くとれるからです。

ヒラタクワガタ

コウチュウ目クワガタムシ科

平べったい

生息地 本州〜南西諸島　**大きさ** オス：23〜81㎜　メス：21〜44㎜

クワガタは体が平たいのが特徴だけど、特に平べったいのがヒラタクワガタよ。オオクワガタ（P222）とは違って、大アゴの前のほうがギザギザしてるわね。

そうそう、同じクワガタでも大きさが違うことってあるでしょ？　大きいオスはケンカに強くて好戦的で、小さいオスは弱くて闘いを避ける傾向があるみたい。数が多いのは小さいオスなんだって。鳥などの天敵に見つかりにくかったり、木のすき間に隠れられたり、小さいならではのメリットがあるのかもしれないわね。

キイトトンボ

トンボ目イトトンボ科

トンボを食べるイトトンボ

生息地 本州～九州　**大きさ** オス：31～44㎜　メス：33～48㎜

写真は連結産卵（P144）をするキイトトンボのオス（上）とメス（下）よ。オスはメスが産卵中、写真のように直立姿勢で周りを警戒するわ。

キイトトンボは自然豊かな池や湿地に多くて、オスは胸が黄緑で腹が黄色よ。メスは腹が黄色のものや緑色のものがいるんだって。イトトンボのなかまは、クモやハエとかを食べるものが多いけど、キイトトンボは別のキイトトンボや小さなトンボをよく食べるわ。地域によっては数が減ってて、東京都や神奈川県では絶滅危惧種に指定されてるの。

ウチワヤンマ

トンボ目サナエトンボ科

腹の先がうちわ

生息地　本州〜九州　大きさ　オス：77〜87㎜　メス：70〜84㎜

黄色と黒の腹がよく目立つウチワヤンマ。よく見ると腹の先のほうがうちわ状にふくらんでいて、これが名前の由来になっています。暑い時期にぴったりの名前ですね。大きなトンボで、日当たりのいい池などを好み、ほかのトンボをつかまえて食べることもあります。写真はオベリスク姿勢（P148）をとるオスです。

日本にはほかにも、ウチワヤンマを少し細くした姿のタイワンウチワヤンマが生息しています。以前は南のほうにだけ生息するトンボでしたが、最近は関東地方でも発見されています。これは温暖化の影響があるとも考えられています。

9/9

ニイニイゼミ

カメムシ目セミ科

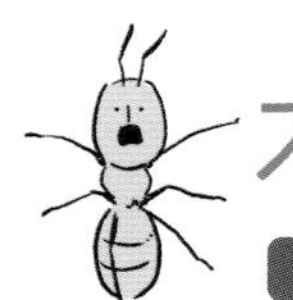

木と一体化

生息地 北海道〜沖縄諸島　**大きさ** 20〜24㎜

メイン写真は9月に撮影されたニイニイゼミのぬけ殻（右）と、ツクツクボウシのぬけ殻（左）です。この時期にぬけ殻を見つけると、なんとなく夏の終わりを感じて切なくなりますね。ニイニイゼミのぬけ殻には、たいてい泥がついています。幼虫が湿った土を好むからです。ちなみに、セミのぬけ殻はさなぎ……ではなく幼虫のぬけ殻。セミはさなぎにならない不完全変態（P71）です。

右下写真はニイニイゼミの成虫です。まだら模様のはねと体が、木と一体化してますね！　オスは「チー」と高い音で鳴きます。

ツクツクボウシ

カメムシ目セミ科

夕方に大合唱

生息地 北海道〜トカラ列島　**大きさ** 29〜31㎜

ツクツクボウシの鳴き声はとてもユニーク！　「オーシーツクツク」ってくり返しながら、だんだんテンポが速くなるの。一日中鳴いてるけど、特に夕方は大合唱になるわよ。平安時代には「クツクツホウシ」って呼ばれてたんだとか。夏の終わりに多いセミで、地域によっては10月にも見られることがあるそうよ。

そうそう、日本にはタケオオツクツクって外来種もいるわ。ツクツクボウシより大きくて、鳴き声は「グィーン、ギリギリ」。どうやら中国から輸入した竹ぼうきにまぎれてたみたいで、埼玉県などで確認されてるそうよ。

9/11

シマウンカ

カメムシ目シマウンカ科

稲の汁を吸う

生息地 本州～九州　**大きさ** 全長約4㎜

ウンカのなかまは、ほとんどが10mm以下の小さな昆虫よ。イネ科の植物を枯らしたり、病気にさせたりするから、日本の農家はウンカに悩まされてきたのよね。江戸時代の文献には「雲蚊が大発生して次の年から飢饉になった」って内容があるんだけど、「雲蚊＝ウンカ」とも考えられてるんだって。イナゴ（P330）以外にも、お米の敵がいるのね！

シマウンカは、はねにしま模様がある白っぽいウンカよ。湿地が好きで、田んぼの稲や雑草などの汁を吸って暮らしてるわ。

コナラシギゾウムシ

9/12

コウチュウ目ゾウムシ科

ドングリ命！

生息地 北海道～九州　**大きさ** 5.5～10㎜

写真はドングリの上にいるコナラシギゾウムシです。メスは長い口（口吻）を使ってドングリに穴をあけ、その中に産卵管を伸ばして卵を産みます。そうすれば敵から卵を隠せるし、幼虫はドングリの内側を食べながら成長できるからです。ドングリが家＆食料なんですね。やがてドングリが木から落ちると、幼虫はドングリの中から出てきて地面にもぐり、さなぎになります。

ちなみに「シギゾウムシ」という名前は、ゾウの鼻のように長い口が、長いくちばしをもつシギ科の鳥に見えることが由来です。

9/13

ヤマキチョウ

チョウ目シロチョウ科

わりと休みがち

生息地 本州（中部地方から北） **前ばねの長さ** 約35㎜

黄色い後ろばねにオレンジ色の丸いホシがあるヤマキチョウ。夏に成虫になってしばらくすると、活動をやめて休眠（P83）する習性があります。そのまま冬を越し、春になってから卵を産みます。日当たりのいい山地で見られるチョウでしたが、開発などによって数が激減。東北地方では絶滅したと考えられていて、環境省も絶滅危惧種に指定しています。

ちなみに、ヤマキチョウやモンキチョウ（P158）などは黄色いはねをもっていますが、シロチョウのなかま（シロチョウ科）です。

クサカゲロウ

アミメカゲロウ目クサカゲロウ科

「草」か「クサッ」か

生息地 北海道〜本州　**大きさ** 12〜18㎜

クサカゲロウのなかまには、名前の由来の説が2つあるの。「緑色（草）のカゲロウ」か「臭いにおいのするカゲロウ」か……どっちかはよく分かってないみたい。

メスは腹から細い分泌液を出して、その先端に卵を産むわ。右下写真の丸い部分1つ1つが卵よ。こんな風に卵が葉っぱから離れてると、植物を歩き回るアリとかにも襲われにくいんだって。しかも、生まれてきた幼虫たちが共食いをするリスクも減らせるの。幼虫は肉食で、普段はアブラムシを食べるわ。そうそう、植物にぶらさがるクサカゲロウの卵は「うどんげの花」って呼ばれるんだって。

9/15

クルマバッタ

バッタ目バッタ科

飛ぶクルマ

生息地 本州～南西諸島　**大きさ** オス：34～45㎜　メス：53～65㎜

後ろばねに半円状の黒い模様があるクルマバッタ。飛ぶ時にここがタイヤのように見えるのが名前の由来よ。音を立てて飛ぶから、見つけた時に聞いてみてね。トノサマバッタ（P346）やクルマバッタモドキに似てるけど、クルマバッタは背中がこんもり丸く盛り上がってるの。こういう微妙な違いが見分けられるようになると、自然観察がより楽しくなってくるわよ。

そうそう、クルマバッタモドキはクルマバッタより数が多くて、住宅街の空き地でも見られるわ。「モドキ」のほうが多く見られるって、なんだか変な感じよね。

ホソオチョウ

9/16

チョウ目アゲハチョウ科

細いしっぽみたい

生息地 中国、朝鮮半島、ロシア南東部

前ばねの長さ 春型26～28㎜　夏型36～38㎜

細長い尾状突起（P25）をもつホソオチョウ。朝鮮半島から持ち込まれたとされるものが、日本にも生息しています。尾状突起をゆらしながら、地面近くをゆっくり飛ぶのが特徴です。写真は夏型（P124）のオス。夏型は春型より大きく、尾状突起も長くなります。オスはよく飛び、メスは植物にとまっていることが多いです。メスは植物の葉っぱの裏に数十個の卵を産み、幼虫はある程度大きくなるまで集団で葉っぱを食べます。

9/17

ジガバチ

ハチ目アナバチ科

「ジガジガ」と音がする

生息地 北海道〜南西諸島　大きさ オス：約19mm　メス：約23mm

腹の一部が赤みを帯び、細長い体をしているジガバチ。別名「サトジガバチ」とも呼ばれます。巣を掘る時などに「ジガジガ」と音を立てるように聞こえることが名前の由来です。

ジガバチは地面に穴を掘って巣をつくります。その後、ガやチョウの幼虫の新しいフンを探し、それを手がかりに幼虫をつかまえて毒針をブスリ。麻痺状態にして巣に運び、幼虫の体内に卵を産みつけ、巣に砂や小石でふたをして立ち去ります。弱った幼虫を埋めて、卵から生まれる自分の幼虫のエサにしてるんですね。

ヒメカマキリ

カマキリ目ハナカマキリ科

年越しカマキリ

生息地 本州〜奄美大島　**大きさ** オス：25〜33㎜　メス：25〜36㎜

ヒメカマキリは、すばやく動く小型のカマキリよ。昆虫の名前につく「ヒメ」は、一般的に「小さい」って意味。ヒメカマキリは暖かい地方に多くて、緑色より薄茶色っぽいものが多いわ。カマキリの中では寿命が長く、年を越しても生きてることがあるの。敵に気づくと、何度か飛び跳ねてから地面に落ちて死んだふり（擬死）をするそうよ。あと、夜の街灯に集まったりもするんだって。

そうそう、カマキリの複眼（P59）って、夜になると黒くなるの。暗い所でも光を効率よく取り入れるためよ。

9/19

シオカラトンボ

トンボ目トンボ科

粉で身を守る？

生息地 北海道〜南西諸島　大きさ オス：47〜61㎜　メス：47〜61㎜

平地の日当たりのいい水辺が好きなシオカラトンボ。市街地の公園にある池とかにも生息してるわ。暑い日も活発に飛び回って、水辺がない所でも見られたりするわよ。名前の由来は、オスの体が塩のような白い粉に覆われてるから。メスは茶色い麦わらのような色をしてるから、「ムギワラトンボ」とも呼ばれるわ。

そうそう、最近の研究では、「粉が紫外線や水からシオカラトンボの身を守ってる可能性がある」とも考えられてるんだって。

ナツアカネ

トンボ目トンボ科

アキアカネより赤い!

生息地 北海道〜九州　**大きさ** オス：33〜43㎜　メス：35〜42㎜

アカトンボといえばアキアカネ（P327）が有名ですが、それより赤いのがナツアカネ。アキアカネが赤いのは腹だけ。でも、ナツアカネのオスは写真のように全身が真っ赤なんです！　胸、頭、複眼（P319）までも赤くなります。一方、メスは背中だけ赤いものが多いです。

ナツアカネは田んぼに多く生息していますが、市街地の公園でもよく見られます。夏の初めに成虫になり、地域によっては12月頃まで飛んでいることも。ちなみに、「アカネ」は「茜色（アカネグサの根で染めた暗い赤色）」に由来します。

9/21

スケバハゴロモ

カメムシ目ハゴロモ科

はねが透けてる

生息地 本州〜九州　**大きさ** 全長9〜10㎜

メイン写真は左を向いているスケバハゴロモの成虫、右下写真は幼虫です。名前の通り、成虫には透けたはねがあります。一方、幼虫はおしりに白い毛がふっさふさ！　これはロウ物質でできていて、ハゴロモのなかまの多くに共通する特徴です。この姿を天女の羽衣に見立てて、「ハゴロモ」という名前になったんだとか。幼虫はジャンプしたあと、毛の束を広げてパラシュートのように着地します。ほかにも、毛を動かして敵の目をくらますのに使っているのかもしれませんね。ちなみにスケバハゴロモは、クワやブドウの木などの汁を吸う害虫としておそれられています。

カワラバッタ

バッタ目バッタ科

9/22

河原の石みたいな色

生息地 北海道〜九州　**大きさ** オス：25〜37㎜　メス：40〜43㎜

カワラバッタは砂や石の多い河原に生息してるわ。青みのある灰色の体は、周りに溶け込んですごく見つけづらいんだって。でも、飛んでる時は青い後ろばねがよく目立つわ。植物だけじゃなく、死んだ昆虫なども食べる雑食で、オスは後ろあしと前ばねをすり合わせて「カシャカシャ」って鳴くわよ。最近は川の改修とかの影響で、数が減ってきちゃってるんだけどね……。

そうそう、バッタのなかまは、後ろあしの筋肉が発達してて、遠くへジャンプできるのが特徴よ。はねを使って飛ぶ時も、あしで地面をけってから羽ばたくわ。

9/23

クジャクチョウ

チョウ目タテハチョウ科

目玉模様が4つ

生息地 北海道、本州（関東地方から北）　**前ばねの長さ** 25〜30㎜

クジャクのはねみたいな目玉模様が4つあるクジャクチョウ。はねの表は派手だけど、裏は黒くて地味な色よ。すずしい場所が好きで、主に山地の林付近に生息し、成虫で冬を越すわ。林の周りの低い場所をすばやく飛んで、花や樹液を訪れるんだって。オスは地面や葉っぱにとまって、なわばりを見守ることもあるそうよ。

そうそう、学名に「*geisha*（芸者）」ってつくのは、名前が付けられた1908年以前に欧米でジャポニスムが流行ってたからともいわれてるわ。クジャクチョウの姿から、きれいな着物を着た芸者さんをイメージしたのかもね！

ハラビロカマキリ

9/24

カマキリ目カマキリ科

腹が広い

生息地 本州〜南西諸島　**大きさ** オス：45〜65㎜　メス：52〜71㎜

ハラビロカマキリは、オオカマキリ（P261）より少し小さなカマキリです。メスの腹は大きくふくらみ、厚みもあります。オスはメスより小さく、腹がふくらんでいません。最近増えている外来種のムネアカハラビロカマキリは、ハラビロカマキリと似ていますが、胸のあたりが赤っぽいです。

写真は獲物を待つハラビロカマキリのメスとホシホウジャク（P299）。カマキリの色が植物に似ていて見つけにくいのは、獲物を狙うためと、鳥などから身を守るためなのかもしれませんね。

9/25

ボウバッタ

バッタ目ボウバッタ科

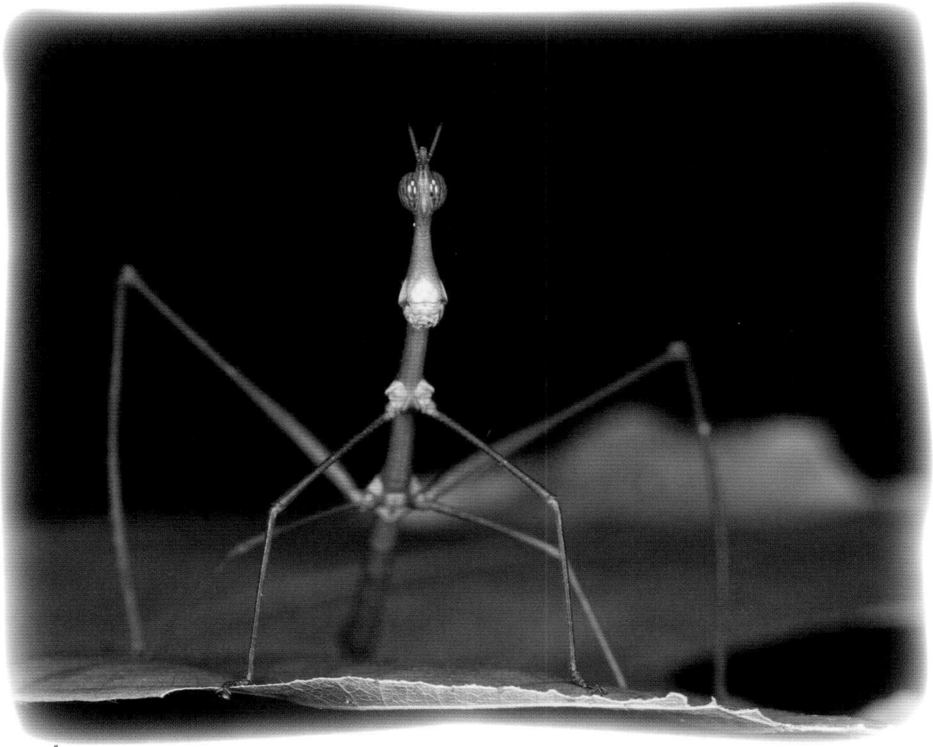

ジャンプする棒

生息地 南アメリカ北部　大きさ 約100㎜

正面から見るとひょうきんな顔のボウバッタ。ナナフシのように細長い体をしてるけど、ナナフシよりもよく動くみたい。じっとしてれば枝とかに擬態しやすい姿なのにね……。その長い体には、はねがないの。ただ、バッタだからジャンプはするわよ。英語でも「Jumping stick（ジャンプする棒）」って呼ばれたりするわ。

そうそう、ボウバッタにはいくつか種がいて、南アメリカにはオウサマボウバッタっていう150mmを超えるものもいるわ。150mmっていうと、千円札の横幅と同じよ。大きいわね！

クツワムシ

バッタ目クツワムシ科

ガチャガチャ

生息地 本州（関東地方から南）～九州

大きさ オス：約33㎜　メス：約36㎜

「クツワ（轡）」とは、手綱をつなぐためにウマの口につける金具のこと。クツワムシは、轡がぶつかるように「ガチャガチャ」と大きな音で鳴くのが名前の由来です。茶色や緑色のものがいて、昼間は草の陰に隠れ、夜に鳴きます。

ちなみにクツワムシは、江戸時代の絵師・伊藤若冲の作品『糸瓜群虫図』にも描かれています。この絵の中にはチョウやカマキリのほか、カエルもいますが、江戸時代には両生類や爬虫類などもまとめて「虫」と考えられていました。

9/27

アジアイトトンボ

トンボ目イトトンボ科

生息域が名前に

生息地 北海道〜九州　**大きさ** オス：24〜33㎜　メス：24〜34㎜

アジアイトトンボは、東アジアに多く生息することが名前の由来よ。オスは腹の先に青い模様があるわ。

写真は交尾中のオス（上）とメス（下）よ。このような形で交尾をするのは、オスの胸と腹の境目あたりに精包（精子を包んでいるもの）があるから。オスは交尾前に、腹の先にある精包をこの位置に移動させてから、腹の先でメスの頭をガッチリつかむの。そうするとメスは腹を曲げて、精包を受け取るんだって。このあと、メスは水辺の植物とかに卵を産むわ。

コムラサキ

チョウ目タテハチョウ科

人の汗も吸う

生息地 北海道〜九州　**前ばねの長さ** 30〜40㎜

写真の右下ははねの表側が見えているコムラサキのオス、左上ははねの裏側が見えているコムラサキ（性別不明）です。オオムラサキ（P214）を小さくしたようなチョウで、オスのはねは構造色（P12）によって青紫色に輝きます。メスのはねは薄茶色。はねの裏側はオスとメスどちらも薄茶色です。樹液や動物のフンに集まるほか、人の汗を吸いにくることもあります。また、湿った地面でよく水を吸います。

地域によっては黒みの強いものが現れることがあり、「クロコムラサキ」と呼ばれます。オオムラサキにも、クロオオムラサキが現れることがあるんですって。

9/29

オオキンカメムシ

カメムシ目キンカメムシ科

色がどんどん変わる

生息地 本州（関東地方から南）〜南西諸島　大きさ 19〜26㎜

メイン写真はオオキンカメムシの幼虫よ。生まれたばかりの幼虫は全身が真っ赤なんだけど、少し成長するとメイン写真のようなメタリックな緑色になるわ。幼虫の間にも色が激変するのね！　右下写真は集団で越冬する成虫よ。成虫はオレンジ色の体に黒紫色の模様があって、とても派手。「自分は危険だぞ」って知らせる警告色ね。

キンカメムシのなかまは美しいものが多くて、植物の上で集団になる習性があるわ。集まる際は、お互いを呼び寄せる集合フェロモンを感じ取るそうよ。

オオセンチコガネ

コウチュウ目センチコガネ科

地域カラー

生息地 北海道〜九州　**大きさ** 16〜22㎜

「センチ」とは「雪隠（昔の便所）」のこと。オオセンチコガネは、森などで動物のフンを食べて暮らす糞虫（P32）です。触角でフンのにおいを感じ取り、その方向へ飛んでいきます。繁殖期にはオスとオスがかみ合ってケンカすることも。また、メスは土の中に卵を産みます。

ちなみにオオセンチコガネの美しい輝きは、左下写真のように地域によって変わります。青は紀伊半島など、緑は近畿地方など、メイン写真のように赤っぽいものは東北、関東、中国地方に多いです。

思い込み（2）

カッ!!
カマキリがいる
カンバン!!
きをつけ
ないと…

そーーっと
すすむか…
ザッ

ギャー!!
カマキリ!?
よっ

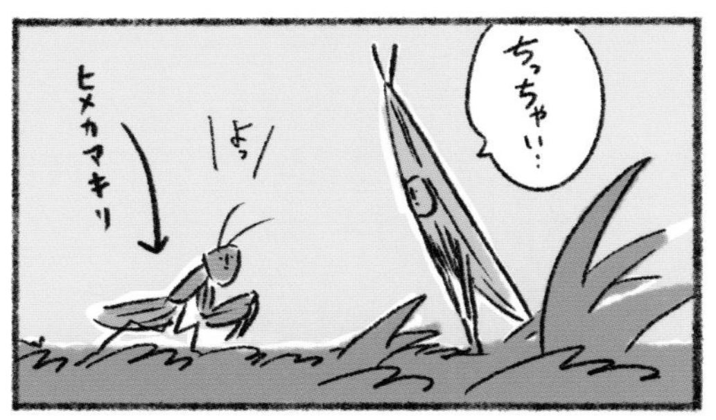
ちっちゃい…
よっ
ヒメカマキリ

クロマダラソテツシジミ

10/1

チョウ目シジミチョウ科

おしりが頭！？

生息地 アジアの熱帯・亜熱帯　前ばねの長さ 約15㎜

シジミチョウのなかまにはクロマダラソテツシジミのように、後ろばねに小さな目玉模様と尾状突起（P25）があるものがいるわ。これは眼（複眼）と触角に擬態してて、本物の頭を狙われないようにしてるんだって。「傷つくのは仕方がないから、命だけは助かろう」っていう生存戦略ね。

クロマダラソテツシジミは、もともと東南アジアとかに生息するチョウよ。1992年に沖縄県で見つかってから北に生息域を広げてて、現在は関東地方でも飛んでるわ。幼虫はソテツの新芽を食べるから、ソテツの生える公園とかで見られるわよ。

10/2

アメリカアオイチモンジ

チョウ目タテハチョウ科

身を守るための美しさ

生息地 北アメリカ　**前ばねの長さ** 30〜41㎜

名前の通りアメリカなどに生息するアメリカアオイチモンジ。明るい森に生息してて、湿った地面で水を吸う姿も見られるそうよ。青いはねは、前ばねから後ろばねにかけてだんだん色が薄くなってくわ。この美しい姿は、毒をもつアオジャコウアゲハに擬態してると考えられてるの。これはベイツ型擬態（P105）ね。

アオカケスというカラス科の鳥を使った実験では、一度アオジャコウアゲハを食べたアオカケスは、二度と食べようとしなかったそうよ。しかも、アオジャコウアゲハに擬態してるチョウのことも、高い確率で食べなかったんだって。

テングアゲハ

チョウ目アゲハチョウ科

アゲハっぽくないクセがある

生息地 東南アジア　**前ばねの長さ** オス：約50㎜　メス：約52㎜

「最も原始的なアゲハチョウ」ともいわれるテングアゲハ。テングチョウ（P83）と同じく、テングの鼻のように伸びたパルピが名前の由来です。「アゲハ」と名前がついていますが、アゲハチョウとは違った特徴があります。緑色のものに寄ってくる習性があるほか、はねを広げてとまったり、つかまえると死んだふり（擬死）をしたり、すばやく飛んでいたかと思うと突然落下したり……長い年月をかけてほかのアゲハチョウにはない個性を身につけたのかもしれませんね。

ちなみにメイン写真はオス、右下写真はメスです。

10/4

ゴホンダイコクコガネ

コウチュウ目コガネムシ科

小さい体にツノ5本

生息地 北海道〜九州　大きさ 10〜16㎜

頭に長いツノが1本、胸に短いツノが4本あるゴホンダイコクコガネ。写真は動物のフンを見つけたオスね。ゴホンヅノカブト（P247）に似てなくもないけど、大きさは20mm以下……つまり一円玉の直径以下だわ。牧場とかにいる草食動物のフンを食べる夜行性の糞虫（P32）よ。メスは地面の中で丸めた動物のフンに卵を産むの。そうそう、日本の糞虫はタマオシコガネ（P56）みたいにあしでフンを転がす種はほとんどいないんだって。でも、マメダルマコガネだけはあしでフンを転がすの。北海道以外の日本各地に生息する2mmほどの糞虫よ。

オキナワ
マルバネクワガタ

コウチュウ目クワガタムシ科

10/5

通称「オキマル」

生息地 沖縄島　**大きさ** オス：42〜70㎜　メス：40〜56㎜

日本にはマルバネクワガタのなかまが4種いるわ。沖縄島のオキナワマルバネクワガタ、奄美群島のアマミマルバネクワガタ、八重山列島のヤエヤママルバネクワガタとチャイロマルバネクワガタよ。虫好きの間では「オキマル」、「アママル」なんて略されて呼ばれてるの。オキマル、アママル、ヤエマルは、以前は「タテヅノマルバネクワガタ」っていう1種にまとめられてたんだって。

マルバネクワガタの中で一番大きいのがオキマルよ。日本の固有種なんだけど、生息地の原生林が減って絶滅が心配されてるわ。

10/6 ヒメアカネ

トンボ目トンボ科

冬にも見られるアカトンボ

生息地 北海道〜九州　**大きさ** オス：28〜38㎜　メス：29〜38㎜

ヒメアカネはオスの腹が赤、メスの腹は黄緑と赤茶色よ。写真はオス（左）とメス（右）。色の違いがよく分かるわね！　アカトンボの中でも特に遅くまで見られる種で、12月にも見られる地域があるんだって。

そうそう、「アカトンボ」は「○○アカネ」って名前がつく、オスが赤いトンボのことよ。「アカトンボ」って名前のトンボは存在しないの。知ってた？　代表的なアカトンボはアキアカネ（P327）ね。ほかにもヒメアカネ、リスアカネ（P244）、ナツアカネ（P277）とかが「アカトンボ」って呼ばれるわ。

ヒメクダマキモドキ

10/7

バッタ目ツユムシ科

クツワムシっぽい小さな虫

生息地 本州（房総半島から南）～南西諸島　**大きさ** 19～23㎜

写真は腹を曲げて産卵管の手入れをするヒメクダマキモドキのメスです。オスは「シュッシュッ」と、メスは「プチプチ」と鳴きます。もともと海に近い林に多く生息していましたが、最近は街の大きな公園などでも見られるそうです。クダマキモドキのなかまはほかにも、主に山地に生息するヤマクダマキモドキや、平地に生息するサトクダマキモドキなどがいます。ちなみに、「クダマキ」とはクツワムシ（P283）のこと。「クツワムシに似てる＝モドキ」がクダマキモドキの由来で、その中でも少し小さいのがヒメクダマキモドキです。

10/8 ツマグロヒョウモン

チョウ目タテハチョウ科

メスだけツマグロ

生息地 本州（関東地方から南）～南西諸島　**前ばねの長さ** 32～40㎜

ヒョウ柄のはねをもつツマグロヒョウモン。メスは、はねの先（つま）に黒と白の模様があります。メイン写真はオス、右下写真はメスです。メスの体は毒をもつカバマダラに擬態していると考えられ、飛び方もカバマダラと似てゆっくりしています。いわゆるベイツ型擬態（P105）ですね。

もともと南の地域で暮らすチョウでしたが、最近は生息地を北に広げています。これは温暖化のほかに、ツマグロヒョウモンの幼虫が食べるパンジーが花壇などによく植えられていることも影響しているようです。

ノシメトンボ

トンボ目トンボ科

都心にもいたのに……

生息地 北海道〜九州　大きさ オス：37〜51㎜　メス：39〜52㎜

はねの先にこげ茶色の模様があるノシメトンボ。「ノシメ」は、江戸時代に武士が礼服として着た「熨斗目」のことよ。腹にある黒い模様を、熨斗目の柄に見立てたことが名前の由来みたい。

ノシメトンボは、田んぼや池とかに生息してて、メスは水辺付近の草むらの上を飛びながら卵を産み落とすわ。その際、オスとつながっていることもあれば、メス1匹だけの場合もあるそうよ。少し前までは都心の公園でもよく見られるトンボだったんだけど、最近はほとんど見られなくなっちゃったわ……。

10/10

ウラギンシジミ

チョウ目シジミチョウ科

花の蜜をあまり吸わない

生息地 本州（福島県から南）～奄美群島、八重山列島

前ばねの長さ 20～22㎜

メイン写真はウラギンシジミのメス、左下写真はオスです。どちらもはねの裏が銀白色で、飛んでいる時にも目立ちます。表はこげ茶色で、メスは白い模様、オスはオレンジの模様があります。低い山から平地の雑木林や公園で見られるチョウです。花の蜜はあまり吸わず、腐った果物や動物のフンなどを吸って栄養をとり、成虫のまま冬を越します。ちなみにチョウは、花を探したりオスがメスを探す時は眼（複眼）を使いますが、樹液や動物のフンは触角でにおいを感じ取って探します。

ホシホウジャク

チョウ目スズメガ科

ハチかと思った

生息地 北海道〜南西諸島　**前ばねの長さ** 22〜25㎜

ホシホウジャクは、昼間に活動するガよ。「ホウジャク」は漢字で「蜂雀」。「ハチのように見えるスズメガ」って意味ね。直線的に飛んで、空中でホバリングしながら花の蜜を吸うから、ハチやアブに間違えられることもあるんだって。体全体が茶色っぽく、後ろばねにはオレンジ色の模様、腹には白い帯模様があるわ。とまってる時は後ろばねが見えないから意外と地味だけどね。

そうそう、幼虫は臭いにおいで有名なヘクソカズラの葉っぱとかを食べるそうよ。

10/12

イシガケチョウ

チョウ目タテハチョウ科

はねの模様が石の崖

生息地 本州（紀伊半島から南）〜南西諸島　**前ばねの長さ** 28〜33㎜

はねの模様が「石崖（石垣）」に見えることが名前の由来であるイシガケチョウ。「イシガキチョウ」と呼ばれることもあります。

イシガケチョウは、植物の上をゆっくり飛んで花を訪れるチョウです。尾状突起（P25）があり、メスは黄色っぽいものもいます。メスは花の蜜を吸っていることが多く、オスは地面でよく水を吸っているそう。驚くと飛んで逃げ、葉っぱの裏にはねを広げてへばりつく習性があります。

リュウキュウムラサキ

チョウ目タテハチョウ科

10/13

風に乗ってやってきた

生息地 南西諸島南部　**前ばねの長さ** 37～50㎜

別の地域から台風とかに乗ってやってくるチョウを「迷蝶」っていうわ。ほとんどの迷蝶は子孫を残せず死んじゃうけど、中にはたどり着いた土地で子孫を残すものもいるの。

リュウキュウムラサキも昔は迷蝶だったのよね。でも、今は南西諸島南部にすみついてるわ。時々風に乗って四国や九州に飛んでくることもあるんだって。日本以外では東南アジアやオーストラリアに生息してて、はねの色や模様の違うものがいるわ。写真は花の蜜を吸うオスよ。

10/14

スズムシ

バッタ目マツムシ科

愛されキャラ

生息地 本州～九州　**大きさ** 15～17㎜

スズムシは「リーンリーン」って鳴き声が、鈴の音に似てるのが名前の由来よ。その美しい音色が愛され、日本では昔からペットとして飼われてたわ。江戸時代にはスズムシとかを売る職業もあったほどよ。ほぼ夜行性なので、昼間に鳴くのは薄暗い時だけ。雑食だから時には共食いもするわ。写真は、はねを使って鳴いてるオスよ。前ばねにはヤスリみたいなギザギザした部分と、爪みたいにとがった部分があって、両方をすり合わせて音を出すんだって。こんなに立派なはねをもってるけど、飛ぶことはできないの。鳴くため専用のはねなのね。

ミヤマアカネ

トンボ目トンボ科

10/15

浮気を警戒？

生息地 北海道～九州　大きさ オス：30～41㎜　メス：30～40㎜

はねに茶色の太いスジが通っているミヤマアカネ。成長したオスは体が真っ赤で、アカトンボ（P294）と呼ばれます。アカトンボの幼虫（ヤゴ）は、たいてい流れのない水辺（田んぼなど）を好むのですが、ミヤマアカネの幼虫は水路や小川で暮らしています。

写真はつながって飛ぶ2組のオス（前）とメス（後ろ）です。このように飛ぶことを「連結飛翔」といいます。交尾後もつながって飛ぶのは、産卵前のメスがほかのオスと交尾するのを防ぐためと考えられています。

10/16

アミダテントウ

コウチュウ目テントウムシ科

阿弥陀如来！

生息地 本州〜九州、石垣島　大きさ 4〜4.6㎜

アミダテントウは、こげ茶色のはねに黄色と黒の模様があるカラフルなテントウムシよ。成虫も幼虫もアオバハゴロモ（P258）の幼虫を食べるわ。学名にある「*Amida*」は、日本の昆虫分類に貢献した分類学者のジョージ・ルイスが、阿弥陀如来にちなんでつけたもの。日本語の名前はそのあとつけられたんだって。

そうそう、「テントウムシ」って聞くと春のイメージが強いかもしれないけど、アミダテントウは春から秋頃まで見られるの。ナミテントウ（P112）やナナホシテントウ（P75）とかは成虫で冬を越すから、よく探せばほぼ一年中見られるわよ。

クビキリギス

10/17

バッタ目キリギリス科

血吸いバッタ

生息地 本州（関東地方から南）〜南西諸島　**大きさ** 35〜42㎜

体全体がピンク！　これは突然変異の幼虫で、左下写真が一般的な成虫です。「クビキリギス」という名前は、「服にかみつかせてから引っ張ると、頭だけが服に残る」という子供たちの遊びが由来です。アゴの力が強いのでそうなるのですが……かわいそう。口の周りが赤いので「血吸いバッタ」とも呼ばれます。キリギリスのなかまの多くは卵で冬を越しますが、クビキリギスは成虫で越冬します。また、オスは「ジー」と長く鳴き続けます。ちなみに、キリギリスのなかまは聴覚器官が前あしにあります。これは大きな声で鳴くスズムシやコオロギなどもいっしょです。

10/18

ハビロイトトンボ

トンボ目ハビロイトトンボ科

世界最大級のトンボ

生息地 中央アメリカ～南アメリカ　**大きさ** 約100㎜

ハビロイトトンボは、左右のはねを広げた長さが150mmほどになる世界最大級のトンボです。トンボのなかまではめずらしく、クモなどを食べます。

暗いジャングルの中をふわふわと飛んでいると、はねの先にある模様だけが見えて、体はあまり見えないそう。そうやって風景になじんで、敵から身を守っているのかもしれませんね。敵に見つかって襲われそうになった時は、地面に落ちて死んだふり（擬死）をするそうです。

ホタルガ

チョウ目マダラガ科

一瞬ホタル？

生息地 北海道〜九州、沖縄島　**前ばねの長さ** 25〜28㎜

黒い体に赤い頭……この姿が一見ホタル（P177）にも見える（？）ホタルガ。主に昼間に活動して、雑木林とかをゆっくり飛ぶガよ。でも、夜の街灯にも飛んでくることがあるんだって。そうそう、夜行性だったガの祖先の中から、天敵のコウモリを避けるために昼間に活動するものが出てきて、それがチョウの誕生につながったともいわれてるわ。ガとチョウはどちらもチョウ目の昆虫だけど、世界にガは約18万種いて、チョウは約1万8000種……つまりチョウ目の90％近くはガなのよね。学名の付いてないものも多くて、今後さらに増えるといわれてるわ。

10/20

オンブバッタ

バッタ目オンブバッタ科

親子じゃない

生息地 日本全国　大きさ オス：20〜25㎜　メス：40〜42㎜

写真は、オンブバッタのオス（上）とメス（下）。親子ではありません。まるでオスがメスにおんぶされてるように見えるのが名前の由来です。オスは交尾の時以外もメスに乗っていることが多いので、ほかのオスにとられないように見張っているのかもしれませんね。見た目はショウリョウバッタ（P173）と似ていますが、オンブバッタのほうが小さく、ややふくらみのある体つきをしています。また、ほかのバッタと同じく、茶色いものもいます。ちなみに、バッタのなかまは一般的にメスのほうがオスより大きいです。カマキリと同じですね。

ヤンバルテナガコガネ

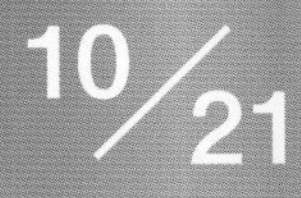

コウチュウ目コガネムシ科

ヤンバル出身

生息地 沖縄島北部　**大きさ** オス：45〜62㎜　メス：46〜60㎜

1984年に新種として記載されたヤンバルテナガコガネは、日本最大の甲虫(P20)よ。日本の天然記念物なんだけど、森林開発で生息地が失われつつあって、じつは絶滅危惧種でもあるの。普段は深い森にあるシイやカシの木に集まるわ。「ヤンバル」は沖縄県北部の山原（山林）を意味してて、学名にある「*jambar*」も「ヤンバル」が由来なの。そうそう、手のように見える前あしが長いのはオスだけよ。オス同士のケンカや、交尾の時にメスを抱え込むのに使われるわ。マレーテナガコガネ（P58）といっしょね！

10/22

シマゲンゴロウ

コウチュウ目ゲンゴロウ科

きれいな水をください

生息地 北海道〜九州、トカラ列島　**大きさ** 13〜14㎜

黒い体に黄色い模様があるシマゲンゴロウ。ゲンゴロウ（P369）と同じで、死んだ動物や弱った魚などを食べるわよ。水質のいい池などに生息してるんだけど数が減っちゃって、地域によっては絶滅危惧種に指定されてるわ。

ゲンゴロウのなかまは、丸みのある平べったい形をしてて、スイスイと泳ぐわよ。呼吸をする時は水面におしりを出して、はねの下に空気をためるの。空気がなくなると、また空気を求めて水面におしりを出して……そのくり返し。いろんな呼吸法があるものね。

タガメ

カメムシ目コオイムシ科

時にメスが敵になる

生息地 本州〜南西諸島　**大きさ** 48〜65㎜

タガメは水中に生息する昆虫の中では日本最大です。前あしの鋭いつめでカエルや魚をとらえ、細い口から消化液を出し、溶けた体液を吸います。

メスは卵を、水面より上にある植物などに産みます。それを守るのがオス。卵が乾かないように水をかけたり、直射日光が当たらないように体で卵を覆ったり、敵から守ったり、幼虫が生まれるまでつきっきりで面倒を見るんです。時には交尾前のメスが現れ、せっかく守り続けていた卵を壊してしまうことも。するとオスは……そのメスとまた交尾をして、新しい卵を守り始めます。

10/24

コノハチョウ

チョウ目タテハチョウ科

魔法のように消えてしまう

生息地 沖縄島、石垣島、西表島　前ばねの長さ 40～50㎜

沖縄県の天然記念物に指定されているコノハチョウ。メイン写真を見ると「どこが木の葉？」っていわれそうだけど、右下写真を見て！　はねの裏側が葉っぱにそっくりでしょ？　とまる時は、はねを閉じて、頭を下にして触角もくっつけるわ。あまりにも風景に溶け込むから、ダーウィンは著書『人間の由来』でコノハチョウについて「とまったとたんに魔法のように消えてしまう」と表現してるんだって。

コノハチョウは樹液、腐った果物、水を好んで吸うチョウよ。オスは高い所をすばやく飛び回り、なわばりをアピールするわ。

ナナホシキンカメムシ

10/25

カメムシ目キンカメムシ科

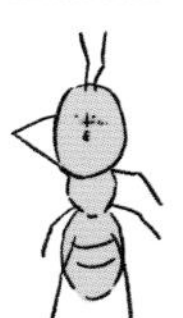

愛のダンスを踊る

生息地 南西諸島　大きさ 16〜20㎜

キンカメムシのなかまは、英語でも「Jewel bug(宝石虫)」と呼ばれるほど美しい種が多いです。どれも比較的大きく、日本以外では東南アジアに多く生息しています。

メタリックな緑色が美しいナナホシキンカメムシは、成虫が集団で冬を越すだけでなく、ほかの季節にも小さな群れで過ごすことがあります。また最近の研究では、オスがメスに求愛する際、体をゆらしたり、メスの周りをグルグルと動き回ったり、体や触角をメスに当てることが分かっています。個性的な求愛ダンスですね!

10/26

シロオビアゲハ

チョウ目アゲハチョウ科

赤い模様のメスもいる

生息地 奄美群島から南　前ばねの長さ 45～55㎜

シロオビアゲハのメスは、毒をもつチョウに擬態をすることがあるわ。日本では、ベニモンアゲハ（右写真の下）に擬態するそうよ。ベニモンアゲハは幼虫が有毒物質をふくむウマノスズクサとかを食べて、成虫もその毒を体内にたくわえてるの。シロオビアゲハのメス（右写真の上）は、ベニモンアゲハに姿を似せて、毒があるふりをして身を守るんだって。でも、メイン写真のメスみたいに擬態しないものもいるわ。シロオビアゲハはインドや東南アジアとかにも生息してて、地域ごとに毒をもつチョウが違うから、擬態するメスの模様も地域ごとに変わるそうよ。

サツマニシキ

チョウ目マダラガ科

10/27

日本一美しいガ

生息地 本州（紀伊半島から南）〜南西諸島　**前ばねの長さ** 35〜40㎜

一般的に「ガ＝地味」というイメージがありますが、派手なガもいます。その1つがサツマニシキ。「日本一美しいガ」と呼ばれ、はねだけでなく、腹、胸、頭、触角までもが美しく輝きます。体に毒をもつため、派手な姿で周りに警告してるんです。ほかの毒のあるチョウやガと同じく、日中にひらひらとゆっくり飛んだり、花の蜜を吸ったりしています。夜に飛んでも、派手な色が見えないですからね。

ちなみに危険を感じた時は、胸から毒をふくむ泡を出すそうです。

10/28

クロススズメバチ

ハチ目スズメバチ科

食用のハチ

生息地 北海道～九州、奄美大島　**大きさ** 11～18㎜

クロススズメバチは、地面の中に巣をつくるハチよ。性格はオオスズメバチ(P106)と比べておとなしいけど、毒針はちゃんともってるから気をつけてね！幼虫やさなぎは「ハチの子」って呼ばれるわ。特に岐阜県や長野県とかでは、ハチの子を煮たり炒めたりして食べるそうよ。食用として飼ってることもあるの。ハチの子の混ぜご飯は「へぼ飯」って呼ばれるんだって。

そうそう、スズメバチのなかまは「スズメのように大きいハチ」が名前の由来ともいわれてるわ。クロススズメバチはスズメバチの中でも小さいほうだけどね。

アカタテハ

チョウ目タテハチョウ科

日本全国で飛んでいる

生息地 日本全国　**前ばねの長さ** 28〜33㎜

アカタテハは、前ばねがオレンジ（赤）と黒、後ろばねがほとんど茶色のチョウです。主に林の周りに生息し、地面の近くをすばやく飛び、花の蜜だけでなく樹液や腐った果物にも集まります。春から秋の終わり頃まで見ることができ、成虫で冬を越します。

左下写真は、アカタテハより少し小さいヒメアカタテハです。「世界で最も生息範囲が広いチョウ」といわれ、暖かい時期にはヨーロッパに、寒い時期には北アフリカに渡って卵を産みます。日本でも全国的に見られるチョウです。

10/30 カンタン

バッタ目マツムシ科

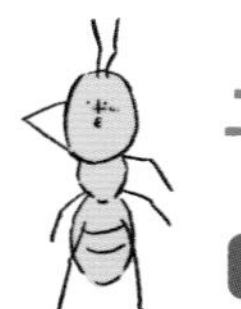

モノで誘惑

生息地 北海道、本州　大きさ 12〜16㎜

「鳴く虫の女王」とも呼ばれるカンタン。体は細長く、触角は体長の3倍ほど。アブラムシなどの小さい虫や、クズやヨモギの葉っぱを食べます。

オスは草むらではねをすり合わせて「ルルルルル」と美しい声で鳴き、メスが近づいてくるとはねのつけ根にある誘惑腺を見せつけます。これはメスを引き寄せる分泌液を出す器官。誘惑腺に気づいたメスが分泌液をなめている間に、オスは交尾をするのです。カンタン以外にも、コオロギ（P338）などは同じように交尾をします。ちなみに、カンタンはコオロギやヒグラシ(P255）などとともに秋の季語です。

タカネトンボ

トンボ目エゾトンボ科

薄暗い場所が好き

生息地 本州〜九州　大きさ オス：53〜65㎜　メス：53〜65㎜

トンボの頭って、写真みたいに半分以上が眼なのよね。この大きな眼は、1万個以上の小さな眼が集まってできてるの。これを「複眼」っていうわ。トンボは複眼が発達してるから、小さい昆虫でも見つけられるんだって。

タカネトンボは、メタリックに輝く緑の体が美しいトンボよ。薄暗い場所が好きで、オスはメスを探すために木に囲まれた水辺の水面付近を少し進んでからホバリングし、また進んではホバリングする……っていうのをくり返すんだって。

別れ

なぁ かくれんぼ しよーぜ
いいけど はんい きめよ
キミ コノハをっくり だし…

んじゃ かくれるわー
まったく きいてないし…

サー
…

その後
一生みつかりませんでした

ツマベニチョウ

チョウ目シロチョウ科

見える世界が違う？

生息地 九州（鹿児島県南部）〜南西諸島　**前ばねの長さ** 45〜55㎜

ツマベニチョウは、日本最大のシロチョウです。日当たりのいい林を好み、オスは地上５〜10mほどの比較的高い所をすばやく飛びます。

オスとメスどちらも、前ばねの先（つま）に紅色（オレンジ色）の模様があります。人間の目では似ているように見えますが、紫外線カメラで見ると、紫外線を吸収するオスは全体が黒く、紫外線を反射するメスは白く見えます。モンシロチョウもオスが黒く、メスが白く見えるんですって！　人間とは違い、チョウは紫外線を見ることができるので、オスはかんたんにオスとメスを見分けているのかも？

11/2

ヤマトシジミ

チョウ目シジミチョウ科

空き地や庭でも

生息地 本州から南 前ばねの長さ 12〜15㎜

写真はカタバミにとまるヤマトシジミのオスです。都会でもよく飛んでいるチョウで、オスのはねは白っぽい青色で、メスは青黒い色です。はねの裏はどちらも灰色で、黒い小さな模様がちらばっています。

ヤマトシジミは、幼虫が食べるカタバミがちょっとでも生えていれば、空き地や庭でも飛んでいます。カタバミはコンクリートの割れ目からも生えてくる生命力の強い植物。日本各地に生えているため、ヤマトシジミも広く生息しているわけです。成虫は地面近くを飛び、シロツメクサなどの蜜を吸います。

ナミハナアブ

ハエ目ハナアブ科

幼虫は水中

生息地 北海道〜南西諸島　**大きさ** 約14〜16㎜

日本各地の花の周りでよく見られるナミハナアブ。ただ「ハナアブ」って呼ばれることもあるわ。体が毛で覆われてるから、蜜や花粉を求めて花から花へと飛び回るうちに、全身は花粉だらけ……。花にとってはありがたい虫ね。幼虫は下水溝など水中で生活し、腐敗した有機物を分解する（食べる）わ。

そうそう、アブのなかまには花の蜜を吸うものだけじゃなく、動物の血を吸うものもいるの。ナミハナアブはミツバチに似てるけど、人間を刺すことはないから安心してね。

11/4

クロカタゾウムシ

コウチュウ目ゾウムシ科

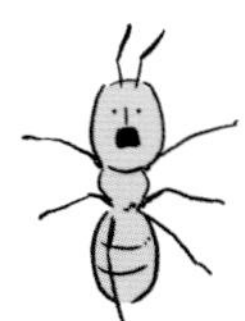

かたすぎる

生息地 八重山列島　**大きさ** 11〜15㎜

標本用の針が通らないほどかたいクロカタゾウムシ。海外では指でつぶせるか力比べをすることもあったそう。そこまでかたいのは、鳥やトカゲなどの天敵から身を守るためだと考えられています。ただ、かたさを手に入れた代わりに飛ぶことはできません。体を木の葉に似せた代わりに飛べなくなったコノハムシ（P349）みたいですね。何かを手に入れれば何かを失う……生き物の鉄則かも?

ちなみに、フィリピンにはカタゾウムシのなかまが多く、右下写真のような青いもののほかに、赤いもの、たくさんのスジがあるもの、輝くものなどがいます。

アカボシゴマダラ

チョウ目タテハチョウ科

赤いホシに違いがある

生息地 中国、朝鮮半島、台湾　**前ばねの長さ** 40〜53㎜

ゴマダラチョウ（P49）と似てるけど、アカボシゴマダラには後ろばねに赤いホシがちらばってるわ。もともと日本では、奄美大島周辺にだけ生息してたチョウよ。でも、中国から持ち込まれたと思われるものが関東地方を中心に増えてるわ。写真は東京都で撮影されたアカボシゴマダラよ。奄美大島のものは、これよりさらに赤いホシが発達してて、丸い輪の模様になってるわ。持ち込まれたアカボシゴマダラの幼虫は、ゴマダラチョウと同じでエノキの葉っぱを食べるから、その影響が心配されてるんだって。アカボシゴマダラに罪はないんだけどね！

11/6

ギンヤンマ

トンボ目ヤンマ科

どこが銀？

生息地 北海道～南西諸島　**大きさ** オス：67～83㎜　メス：65～84㎜

ギンヤンマのオスは、腹の一部が青く、この部分の下側が銀色であることが名前の由来よ。メスは腹の一部が黄緑色になってるわ。オスはなわばり意識が強くて、別のオスが近づいてくると激しく攻撃して追い払おうとするんだって。地域によっては、夕方になると小さな昆虫をとらえるためにたくさんのギンヤンマが飛び回るそうよ。

そうそう、ヤンマのなかま（ヤンマ科）はメスが1匹で卵を産むことが多いけど、ギンヤンマは基本的に連結産卵（P144）をするわ。

アキアカネ

トンボ目トンボ科

代表的なアカトンボ

生息地 北海道～九州　**大きさ** オス：32～46㎜　メス：33～45㎜

アカトンボ（P294）の中で一番有名なのがアキアカネ。日本人にとって最も身近なトンボかもしれませんね。名前に「アキ（秋）」とつきますが、6月頃から12月頃まで見られます。写真はつながって飛ぶオス（左）とメス（右）です。田んぼに多く生息するトンボでしたが、農薬の影響で激減した地域もあるそう。一方で、最近では市街地の公園やプールでも見られます。また、暑い夏にすずしい山のほうへ移動し、秋になると田んぼに戻ってくる習性があります。山にいる間にたくさん獲物を食べ、交尾・産卵に必要な栄養をたくわえているんです。

11/8

アオマツムシ

バッタ目マツムシ科

「アオ」だけど緑

生息地 本州、九州　**大きさ** 23～24㎜

明治時代に中国から持ち込まれたといわれるアオマツムシ。桜並木など街路樹を好んで暮らしています。敵が少なく安全だからです。オスは木の上のほうで「リーリー」と大きな音で鳴きます。セミ以外にも、木の上で鳴く昆虫がいるんですね。写真はアカメガシワの葉っぱの上で鳴くオスです。オスは、はねの背中側が茶色くなっています。ちなみに、緑色なのに「アオマツムシ」というのは、昔は青が緑もふくむ色だったからです。そういえばアオカナブン（P248）、アオオサムシ（P111）、アオサナエ（P148）、青信号……どれも色は緑ですね。

ヒナカマキリ

カマキリ目カマキリ科

飛べないカマキリ

生息地　本州～南西諸島　大きさ　オス：12～15㎜　メス：13～18㎜

ヒナカマキリは日本最小のカマキリよ。体は落ち葉に似た茶色っぽいものが多いわ。はねは退化して小さく、飛ぶことができないの。成虫になっても体長は20mm以下。アリとか小さな昆虫を食べて暮らしてるわ。20mmって一円玉の直径だから……かなり小さいでしょ？

そうそう、カマキリを夏の虫と思っている人がいるかもしれないけど、この時期にもヒナカマキリは見られることがあるわよ。カマキリって夏～秋の虫なのよね。

11/10

コバネイナゴ

バッタ目バッタ科

食べるイナゴ

生息地 北海道〜九州　大きさ オス：16〜34㎜　メス：18〜40㎜

イナゴは漢字で「蝗」や「稲子」と書きます。はねの小さなイナゴがコバネイナゴ。稲の葉っぱを好んで食べるため、特に農薬があまり普及していなかった戦後間もない時代には害虫としておそれられていました。一方、食用の虫としても知られていて、イナゴのつくだ煮がよく食卓に並ぶ地域もありました。

ちなみに、はねが長いハネナガイナゴという種もいます。ただ、はねの長いコバネイナゴもいるので……そうなると見分けるのはかなり難しいですね。食用になるのは、ほとんどがコバネイナゴです。

サバクトビバッタ

バッタ目バッタ科

1日100km以上飛ぶ

生息地 西アフリカ、中東、インド

大きさ オス：40〜50㎜　メス：50〜60㎜

サバクトビバッタは、集団で大移動することで有名よ。普段は1匹で行動し、緑色であしが長く、はねは短く、イネ科の植物しか食べないの。これを「孤独相」っていうわ。でも、数が増えたり食べものが少なくなると、食べものを探すために集団で移動するものが生まれるの。体は黄色や茶色で、あしは短く、はねは長くなり、時にはなかまを食べることも……。これを「群生相」っていうわ。メイン写真は群生相の群れ、左下写真は群生相の個体よ。1日に100km以上も飛べるんだって！

11/12

アカネシロチョウ

チョウ目シロチョウ科

裏側が派手

生息地 中国南部、マレー半島、インドシナ半島、ボルネオ島

前ばねの長さ 約35㎜

アカネシロチョウは、モンシロチョウ（P199）と同じくシロチョウのなかま（シロチョウ科）よ。チョウのはねって、一般的に表側が派手で裏側が地味なんだけど、アカネシロチョウは逆。表側はほぼ黒と白の地味なまだら模様で、裏側には写真のように赤と黄色の派手な模様があるの。

そうそう、チョウのりん粉には、はねがぬれて飛べなくなるのを防ぐ効果があるそうよ。毛が変化したものと考えられてて、一度とれちゃうと元に戻らないわ。

ウスバキトンボ

トンボ目トンボ科

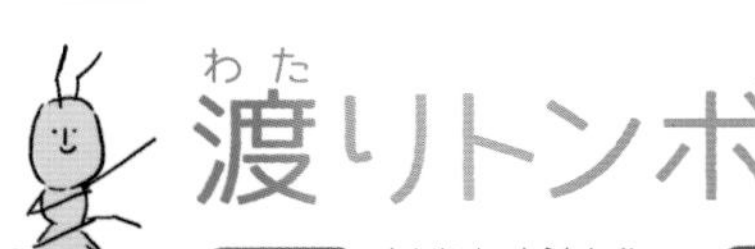

渡りトンボ

生息地 南西諸島南部　**大きさ** オス：44～52㎜　メス：45～54㎜

ウスバキトンボは、長距離を移動するトンボです。体が軽く、はねは薄く、後ろばねが広いため、あまり羽ばたかずグライダーのように長く飛ぶことができます。

日本には毎年春頃、南のほうから太平洋を渡ってやってきます。世代交代をくり返しながら北へと向かい、中には北海道にたどり着くものも。しかし寒さに弱いため、ほとんどは冬を越せずに死んでしまい、また次の年に南からやってきます。日本でウスバキトンボが定着しているのは、八重山列島などの一部地域のみです。

11/14

アムフィマクスオオルリオビタテハ

チョウ目タテハチョウ科

パチパチと速く飛ぶ

生息地 中央アメリカ〜南アメリカ　**前ばねの長さ** 約50㎜

ルリオビタテハのなかまは、中央アメリカから南アメリカにかけて多くの種が生息してるわ。はねの表側は、黒地にモルフォチョウのような青い（瑠璃色）模様のある種が多いそうよ。樹液、植物の実、動物のフンとかによく集まるわ。「最もすばやく飛ぶチョウ」ともいわれ、飛ぶ際は「パチパチ」と音を立てるんだって。

アムフィマクスオオルリオビタテハも、黒地に青い模様がある美しいチョウよ。でも裏側は薄茶色で、中心にはこげ茶色の線が通ってて枯れ葉にそっくりだわ。

トゲアリ

ハチ目アリ科

命がけで巣を乗っ取る

生息地 本州～九州　**大きさ** 働きアリ：6～8㎜　女王アリ：約12㎜

胸に6つのトゲをもつトゲアリ。女王アリはクロオオアリ（P128）などの巣に入って女王を殺し、そのにおいを自分にうつします。巣に残るクロオオアリの働きアリたちに、自分が女王だと思い込ませるためです。トゲアリの女王はクロオオアリの巣で卵を産み続け、幼虫はクロオオアリの働きアリが育てます。やがてクロオオアリの働きアリたちがすべて死ぬと、トゲアリだけの巣になるのです。

ただ、最初の段階で女王アリがクロオオアリの巣に入れず、命を落とすことも多いそうです。

11/16

ウスタビガ

チョウ目ヤママユガ科

まゆに卵を産むことも

生息地 北海道〜九州 **前ばねの長さ** オス：45〜50㎜ メス：50〜60㎜

メイン写真はウスタビガのオス、右下写真はまゆから出てくる成虫よ。大きくなった幼虫は口から糸を吐いて緑色のまゆをつくり、その中でさなぎになるの。このまゆの形が手火（提灯）に似ていることが名前の由来ともいわれてるわ。

ウスタビガは、はねに半透明の丸い模様が4つあるガよ。赤っぽいものや黄色っぽいものがいるんだって。オスは夜明け頃から日中にかけて活動するわ。メスは夜行性で木の枝に卵を産むの。そうそう、成虫になったばかりのメスは、近くにオスがいるとその場で交尾をして、自分が出てきたまゆに卵を産むこともあるそうよ。

マツムシ

バッタ目マツムシ科

チンチロリン？

生息地 本州〜南西諸島　大きさ 18〜24㎜

「チンチロリン」という鳴き声で有名なマツムシ。童謡の歌詞でも「チンチロリン」と表現されていますが、なんとなく「チッチリ」に聞こえる気も……。

マツムシは古くから愛されていて、平安時代に清少納言の『枕草子』の中で、スズムシなどといっしょに「好ましい虫」と表現されています。ちなみに、平安時代に「スズムシ」と呼ばれていたのは現在のマツムシで、「マツムシ」と呼ばれていたのが現在のスズムシだと考えられてるんだとか……まだはっきり分かってないみたいですが。ただ、どちらも秋を代表する趣深い虫であることは間違いないですね！

11/18

エンマコオロギ

バッタ目コオロギ科

鳴き方を変える

生息地 北海道〜九州　**大きさ** 25〜30㎜

エンマコオロギは大きなコオロギ。閻魔大王を思わせる顔が名前の由来よ。写真は前ばねをすり合わせて鳴くオスね。なわばりを知らせる時は「コロコロリッリッ」、ケンカの時は「キッキッ」、メスを誘う時は「コロコロリ〜」って鳴くわ。オスはだれかが近づいてくると触角を相手の体に当てて、オスかメスかを判断し、相手がオスならケンカを始めるの。勝ったオスは「キッキッ」って鳴きながら相手を追い払うわ。そうそう、ファーブルは晩年、自分で作詞作曲して「コオロギ」って歌をつくり、オルガンを弾きながら家族と歌ってたんだって。

アカヘリエンマゴミムシ

11/19

コウチュウ目オサムシ科

輝くエンマ様

生息地 インドシナ半島　大きさ 35〜65㎜

世界最大級のゴミムシであるアカヘリエンマゴミムシ。胸と腹のはし（へり）が赤っぽく輝くのが名前の由来です。クワガタのような大アゴを使って獲物をかみ砕き、内側にあるブラシ状の口で中身を吸います。

ちなみに、ゴミムシはすべてオサムシのなかま（オサムシ科）です。名前はひどいですが、アカヘリエンマゴミムシのように輝く体をもつものもいます。また、日本に生息するミイデラゴミムシのように、おしりから毒のガスを出して身を守るゴミムシは「へっぴりむし」とも呼ばれます。

11/20

チリクワガタ

コウチュウ目クワガタムシ科

ダーウィンも見た！

生息地　チリ、アルゼンチン　　大きさ　オス：33～90㎜　メス：25～38㎜

チリクワガタは南アメリカで一番大きなクワガタよ。頭が小さいから「コガシラクワガタ」とも呼ばれるわ。写真はメスに覆いかぶさってるオスよ。オス同士の争いが多くて、威嚇する時は「シュッシュッ」って音を出すの。ダーウィンは著書『人間の由来』で、チリクワガタについて「オスは巨大な大アゴをもっていてケンカ好き。大アゴを開きながら大きな摩擦音を発する。しかし、大アゴの力はそれほど強くないので、指をはさまれてもそれほど痛くなかった」って紹介してるわ。英語では「Darwin's beetle（ダーウィンの甲虫）」なんて呼ばれたりするわよ。

マンディブラリスフタマタクワガタ

11/21

コウチュウ目クワガタムシ科

世界最大をめぐる争い

生息地　ボルネオ島、スマトラ島

大きさ　オス：49～118㎜　メス：42～52㎜

「世界最大のクワガタ」の座を、ギラファノコギリクワガタ（P88）と争うマンディブラリスフタマタクワガタ。体長は110mmを超えるものもいます。「マンディブ」は大アゴ、「ラリス」は水牛という意味です。名前の由来も強そうですね……。気性が激しく、ほかの昆虫が近づいてくるとすぐに大アゴで攻撃します。

　ちなみにクワガタのなかまは、大アゴの内側にある小アゴの毛（右上写真）を使って植物の汁をなめます。

11/22

ヒメツチハンミョウ

コウチュウ目ツチハンミョウ科

ハチの巣出身

生息地 本州〜九州　大きさ 7〜23㎜

ヒメツチハンミョウは、ハナバチのなかまに寄生します。卵から生まれた幼虫は花によじ登り、飛んできたハナバチにしがみついて彼らの巣へひとっ飛び。そこでハナバチの卵や花粉を食べながら成長するのです。しかし、そもそもハナバチがこなかったり、別の虫にしがみついてしまうことも多いそう。運も大切ですね。

ちなみに、ファーブルはフランスの文部大臣と親しくなった際、「ツチハンミョウは数千も卵を産むのに数匹しか親になれない」「幼虫はハナバチにしがみついて巣にしのび込む」と知識を披露し、大臣を驚かせています。

テナガオサゾウムシ

11/23

コウチュウ目オサゾウムシ科

大きい体＆長いあし

生息地 東南アジア　大きさ 約55㎜

写真は左を向いているテナガオサゾウムシです。「テナガオオゾウムシ」や「アシナガオサゾウムシ」とも呼ばれます。ゾウムシのなかまは体長10mm以下のものが多いんですが、テナガオサゾウムシは50mm以上！　長い口（口吻）を入れると70mmに達するものもいます。また、前あしの長さは体の約3倍！　オスは別のオスと出会うと、この前あしを振り上げて長さを比べ合うんだとか。ちなみに、ゾウムシは昆虫の中で特に種数が多いグループです。世界で6万種ほど発見されていますが、実際は20万種近いとも……。日本には1400種ほど生息しています。

11/24

マルエボシツノゼミ

カメムシ目ツノゼミ科

街の中にもいる

生息地 南アメリカ　**大きさ** 約10㎜

黒い体と白い模様が目を引くマルエボシツノゼミ。南アメリカでは街の中でも見られるそうです。大きくふくらんだ胸の丸い部分（背中）は、毒をもっていることを敵にアピールしているとも考えられています。

ツノゼミのなかまは、日本にいるトビイロツノゼミ（P127）や南アメリカなどにいるヨツコブツノゼミ(P361）のように、見た目のバリエーションが本当に豊富です。ツノゼミは後ろあしを使って飛び跳ねるように逃げるため、英語では「Treehopper（木の上を跳ねる虫）」と呼ばれます。

リュウキュウ
ルリモントンボ

11/25

トンボ目モノサシトンボ科

瑠璃色が美しい

生息地　奄美群島、沖縄諸島　　大きさ　オス：44～55㎜　メス：43～52㎜

リュウキュウルリモントンボは、山地の源流付近に生息する美しいトンボよ。腹の先が黄色くて、オスの胸は美しい青（瑠璃色）。メスは青いものや黄色いものがいるわ。写真は産卵中のメス（下）とオス（上）。2組いるけど、メスの色がそれぞれ違うわね。そうそう、トンボの幼虫（ヤゴ）は、水中で暮らす小さな昆虫や魚を食べて育つんだって。幼虫の期間だけ下アゴが前に飛び出すから、獲物が逃げる前につかまえられるの。リュウキュウルリモントンボの幼虫は、流れのゆるい川底の落ち葉の下とかにひそんでるわ。

11/26

トノサマバッタ

バッタ目バッタ科

生き方が激変

生息地 日本全国　大きさ オス：35～65㎜　メス：45～68㎜

トノサマバッタは、大きくて風格のある姿が名前の由来です。オスもメスも、緑色や茶色いものがいます。メイン写真は交尾後のオス（上）とメス（下）。このあと、右下写真のようにメスは土の中に卵を産みます。普段は1匹で行動し、イネ科の植物などを食べていますが、数が増えると姿が一変。胸が小さく、あしが短く、はねが長いものが生まれるんです。また、集団で長距離を移動するようになり、草食から雑食に変わります。2007年には、関西国際空港の新滑走路周辺で大発生したことも。状況によって生き方を変えるのは、サバクトビバッタ（P331）と似てますね。

オナガタイマイ

チョウ目アゲハチョウ科

尾が長くてカラフル

生息地 東南アジア　**前ばねの長さ** 約35㎜

シュッと突き出した尾状突起（P25）が特徴的なオナガタイマイ。はねには黄色、緑、黒などの模様があって、数本の黒いスジが通ってるカラフルなチョウよ。日当たりのいい場所をすばやく飛び回り、木々に囲まれた湿った砂地でよく見られるわ。

そうそう、一般的にタイマイのなかまは、オスが集団で水を吸う姿がよく見られるけど、メスは見つけるのが難しいんだって。

11/28

アケビコノハ

チョウ目ヤガ科

超音波を感じ取る

生息地 北海道〜九州　**前ばねの長さ** 45〜55㎜

前ばねが枯れ葉にそっくりなアケビコノハ。枯れ葉に擬態し、成虫で冬を越すガです。危険を感じると写真のようにはねを広げ、後ろばねの目玉模様で威嚇します。幼虫にも目玉模様があり、体を丸めてその部分を見せつけます。また、成虫はナシやモモなどの果物の汁を吸う害虫としても知られています。

ちなみに、夜行性のアケビコノハには、胸に大きな鼓膜があります。天敵のコウモリが出す超音波を感じ取り、逃げるためです。逆にこの習性を利用して、超音波を出してガから果物を守る技術も開発されています。

コノハムシ

ナナフシ目コノハムシ科

葉っぱになりきる

生息地 マレー半島　大きさ 68〜80㎜

コノハムシのメスは、名前の通り葉っぱに似てるわ。そのまねっぷりは本格的で、はねには葉脈のようなスジも通ってるの。1匹ごとに色や形が違って、虫食いの跡みたいな模様があるものや、はしっこだけ枯れてるように見えるものなど、じつにさまざま！　葉っぱみたいにゆれたり、木の実に似た卵を産んだり……徹底してるわよね。でもね、体を葉っぱに似せることを優先したから、メスは後ろばねが退化して飛べないの。オスはメスより小さくて、飛ぶこともできるわ。でも、メスほど葉っぱに似てないんだって。一長一短ね。

11/30

キバハリアリ

ハチ目アリ科

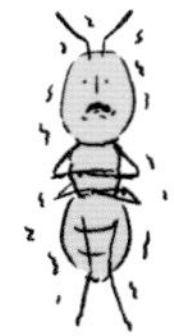

かむ&刺す

生息地 オーストラリア　**大きさ** 働きアリ：15〜25㎜　女王アリ：25㎜

キバハリアリは「ブルドックアリ」とも呼ばれる大型のアリです。とても攻撃的で、鋭いアゴでかみつき、おしりの毒針で相手を何度も刺します。おそろしいですね……。キバハリアリにはいくつか種がいて、中にはピョンピョンとジャンプして獲物をとらえるものもいます。植物の蜜も好み、ユーカリの木が出す樹液をなめる代わりに、葉っぱを食べようとする敵からユーカリを守っているそうです。

ちなみに、アリは約9000万年前にハチから進化したと考えられていて、ハチのように毒針をもつキバハリアリは、原始的なアリといえます。

寿命（じゅみょう）

12/1

ペリアンデール ツバメシジミタテハ

チョウ目シジミタテハ科

はねがかわいい

生息地 メキシコ〜南アメリカ　**前ばねの長さ** 約18㎜

シジミタテハのなかまは、シジミチョウとタテハチョウの特徴をあわせもってるわ。まず、はねを開いた時の長さが25〜30mm程度のものが多くて、シジミチョウみたいに小さいわよ。ペリアンデールツバメシジミタテハも、写真では大きく見えるかもしれないけど、はねの長さは20mmもないからね。それと、オスは前あしが退化して体に密着してるから4本あしに見えるの。これはタテハチョウの特徴ね。色やはねの模様はバリエーション豊かで、尾状突起（P25）があるものや、はねの裏側が青く輝くもの、はねが透明なものなど、いろんな種がいるわ。

ゴライアス
トリバネアゲハ

チョウ目アゲハチョウ科

12/2

由来は巨人戦士

生息地 ニューギニア島、セラム島など

前ばねの長さ オス：約90㎜　メス：約110㎜

世界最大（はねの長さが最長）のチョウはアレクサンドラトリバネアゲハ（P72）ですが、はねの面積はゴライアストリバネアゲハのほうが広く、その堂々とした華やかさが際立ちます。メイン写真と左下写真はどちらもオスです。学名にある「*goliath*」は、旧約聖書に登場する巨人戦士・ゴリアテのこと。まさにぴったりですね！　卵も大きく約5mm。「たった5mm？」と思われそうですが、チョウの卵では世界最大級になります。生息域は比較的広いものの、数は少ないチョウです。

12/3

エレファスゾウカブト

コウチュウ目コガネムシ科

ゾウみたいなどっしり感

生息地 メキシコ～コロンビア　**大きさ** オス：50～130㎜　メス：54～82㎜

エレファスゾウカブトは、アクテオンゾウカブト（P66）と並んで世界最重量級のカブトムシよ。どっしりとした体にちなんで、学名にもゾウを意味する「*elephas*」が使われてるわ。時にはヘラクレスオオカブト（P10）と互角に闘ったりもするんだって。でも、普段の性格はおとなしめ。それもゾウのイメージにぴったりね！　ツノは細長く、体は茶色い毛で覆われているわ。そうそう、エレファスゾウカブトって成虫になるまでに1年半～3年もかかるの。でも、成虫の寿命は日本のカブトムシと同じで２～3カ月だけ。なんだかちょっと切ないわね。

ローゼンベルグオウゴンオニクワガタ

12/4

コウチュウ目クワガタムシ科

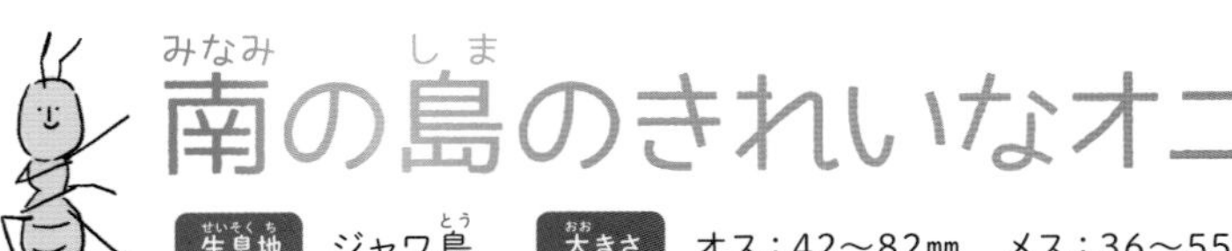

南の島のきれいなオニ

生息地 ジャワ島　**大きさ** オス：42〜82㎜　メス：36〜55㎜

体全体が金色に輝くローゼンベルグオウゴンオニクワガタ。乾燥しているほど美しい金色になります。幼虫は朽ち木を食べて成長し、成虫になってからも1年近く木の中で過ごすそうです。

ちなみに、オウゴンオニクワガタのなかまはもう1種いて、マレー半島、スマトラ島、ボルネオ島にモーレンカンプオウゴンオニクワガタが生息しています。現在は島に分かれているこの一帯は、かつて「スンダランド」と呼ばれ、陸でつながっていました。だから、島が違っても共通の虫が数多くいるんですよ。

12/5

コカマキリ

カマキリ目カマキリ科

そこまで小さくない

生息地 本州～南西諸島　**大きさ** オス：36～55㎜　メス：46～63㎜

コカマキリは動きが機敏な小型のカマキリよ。草の上や地面を歩く姿がよく見られるわ。カマの内側に紫や黒などの模様があるのが特徴ね。体が緑色のものより、薄茶色のものが多いわよ。一般的にカマキリのメスはオスより体が大きく、腹に卵を抱えてるからあまり飛ばないんだけど、コカマキリはオスもメスもよく飛ぶんだって。

そうそう、日本にはコカマキリより小さいヒナカマキリ（P329）やヒメカマキリ（P275）もいるわよ。……ちょっと覚えにくいわね。

カレハバッタ

バッタ目クビナガバッタ科

虫食い模様もある

生息地 マレー半島、ボルネオ島　**大きさ** 約50㎜

写真は左を向いているカレハバッタです。よく見ると、目や触角があるのが分かりますか？　枯れ葉に似ているだけでなく、枯れ葉などを食べて暮らしています。体をゆらゆらさせてゆっくり歩くのは、葉っぱに擬態する昆虫に多い特徴です。

体の色は、赤茶色っぽいものや灰色っぽいものなどさまざま。中には虫食いの跡や、カビが生えているような模様まであるものもいます。細かい所までまねしているんですね。ちなみに、フィリピンなどには緑のカレハバッタもいます。緑だともはや枯れ葉じゃない気が……。

12/7

チャエダシャク

チョウ目シャクガ科

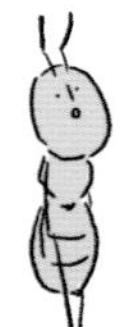

幼虫はチャを食べる

生息地 本州〜九州　**前ばねの長さ** 21〜27㎜

写真のように、木にとまっていると見つけるのがとても難しいチャエダシャク。成虫は秋の終わりにだけ現れる夜行性のガです。体全体が灰色と茶色のまだら模様で、横に黒いスジが通っています。

ちなみに、シャクガのなかま（シャクガ科）は、幼虫がシャクトリムシ（P242）になります。チャエダシャクの幼虫は、1匹ごとに体の色が異なり、薄茶色っぽいものから暗い紫色のものまでさまざまです。お茶の原料であるチャの葉っぱなどを食べます。

キノハダカマキリ

カマキリ目キノハダカマキリ科

12/8

動くとすばやい

生息地 マレーシア　大きさ 約50㎜

木にとまっていると、どこにいるか分からないキノハダカマキリ。獲物をとらえる時は機敏に動き回り、アリなどを食べるそうです。すばしっこいアリをつかまえるには、スピードが必要ですもんね。平べったい姿ですばやく動くその姿は、日本の家で見かける「G」を思わせるそう……。Gとカマキリってじつは祖先はいっしょで、2億6000万年ほど前に分かれたんです。意外と近いなかまなんですよ。

ちなみに、樹皮に体を似せるカマキリはほかにも、エダカマキリやカレエダカマキリなどがいます。熱帯には、ユニークな見た目のカマキリが多いですね。

12/9

テイオウゼミ

カメムシ目セミ科

世界最大のセミ

生息地 マレー半島　**大きさ** 70～80㎜

テイオウゼミは、左右のはねを広げると200mmほどにもなる世界最大のセミ。200mmっていうと、バレーボールの直径ぐらいね！　日暮れ前後と、明け方の短い時間にだけ「ウーファンファンファン」と低い声で鳴くそうよ。テイオウゼミは標高の高い地域で、テイオウゼミより少し小さいクロテイオウゼミは標高の低いジャングルで暮らしてるの。もしかしたら、すみ分けてるのかもしれないわね。

そうそう、東南アジアにはセミを炒めて食べる地域があるんだって。ファーブルもセミの幼虫を炒めて食べたことがあるそうだけど……あまりおいしくなかったみたい。

ヨツコブツノゼミ

カメムシ目ツノゼミ科

12/10

謎のコブ4つ

生息地 中央アメリカ南部〜南アメリカ　**大きさ** 約5㎜

現在知られているツノゼミは、世界で約3000種。その中でも特にユニークなのが、胸の上に4つのコブと長い突起があるヨツコブツノゼミよ。「ツノゼミのツノには擬態の意味がある」って考えると、このコブはアリに擬態……してるのかしら？

そうそう、ツノゼミの周りにはアリがいることが多いんだって。アリはツノゼミが出す甘いおしっこを飲むみたい。その代わり、ツノゼミが敵から襲われるのをアリが守るのよ。アブラムシとクロオオアリの関係（P128）といっしょね。そういえば、ツノゼミもアブラムシも大きくはカメムシのなかま（カメムシ目）だわ。

12/11

パリーフタマタクワガタ

コウチュウ目クワガタムシ科

赤茶の暴れんぼう

生息地 インド〜タイ、マレーシア、スマトラ島

大きさ オス：52〜94㎜　メス：40〜52㎜

体に厚みがあり、アゴが太く、見るからに強そうなパリーフタマタクワガタ。前ばねの一部が赤茶色っぽいため「セアカフタマタクワガタ」とも呼ばれます。フタマタクワガタのなかまで、前ばねに色があるのはパリーフタマタクワガタだけ。気性が激しく、動くものにすぐ反応してケンカを始めます。

ちなみに、フタマタクワガタのなかまは東南アジアに多く生息しています。大アゴの先が2つに分かれているのが「フタマタ」の由来です。

グランディスオオクワガタ

12/12

コウチュウ目クワガタムシ科

立派なオオクワ

生息地 インド〜中国、台湾　**大きさ** オス：40〜90㎜　メス：32〜55㎜

グランディスオオクワガタは、オオクワガタの中では最大級！　大きいものは90mmを超すこともあるわよ。90mmっていうと、一般的な名刺の長辺くらいね。「グランディス」は「立派な」って意味。大アゴの途中にある突起（内歯）が、ほぼ中央に位置するのが特徴ね。DNAを解析したら、日本のオオクワガタ（P222）とかなり近いなかまだってことが分かったんだって。

そうそう、オオクワガタのなかまって探しても見つかりにくいことが多いのよね。日本のオオクワガタも用心深くて、すぐに木のすき間とかに隠れちゃうのよ。

12/13

アリカマキリ

カマキリ目ハナカマキリ科

嫌われ者のふり

生息地 東南アジア　**大きさ** 成虫：25㎜

写真はアリカマキリの幼虫よ。体長は約10mm。一円玉の半分くらいの大きさね。姿がアリに似てるだけじゃなくて、アリみたいに群れることもあるんだって。アリを嫌う生き物は昆虫以外にもたくさんいるから、アリに擬態して身を守るのは賢い生存戦略よね。でも、アリに似てるのは幼虫だけ。成虫は日本でもよく見る緑色よ。

そうそう、日本にいるヒメカマキリ（P275）、ヒナカマキリ（P329）、コカマキリ（P356）も、幼虫はアリに似てるわ。

テナガカミキリ

コウチュウ目カミキリムシ科

生き物を乗せて飛ぶ

生息地 メキシコ〜アルゼンチン北部　**大きさ** 30〜78㎜

オスの前あしが体長の2倍近くあるテナガカミキリ。この長さがケンカの勝敗を大きく左右するから、前あしが短いオスは闘わずに逃げちゃうことが多いみたい。英語では「Harlequin beetle（ハーレクインの甲虫）」って呼ばれるわ。「ハーレクイン」とはイタリアの喜劇に登場した道化役。テナガカミキリの模様が、その派手な服装を連想させたのかもね。そうそう、テナガカミキリの背中には、時々カニムシが乗ってるの。カニムシはサソリやクモに近い生き物で、テナガカミキリの前ばねにすむトゲダニを食べたり、テナガカミキリに乗って移動してるそうよ。

12/15

キタキチョウ

チョウ目シロチョウ科

ミナミキチョウもいる

生息地 本州から南　**前ばねの長さ** 20～25㎜

黄色いはねに小さな黒い模様がちらばるキタキチョウ。草むらとかでよく見られるチョウで、地面近くを忙しそうに飛び回るわ。はねの表側の先には黒い模様があって、夏に現れるもの（夏型）より秋に現れるもの（秋型）のほうがその面積が小さいんだって。写真のキタキチョウは秋型よ。はねの表側の模様は見えてないけどね。秋型は成虫のまま冬を越して、春頃に飛び回るわ。そうそう、もともと「キチョウ」って呼ばれてたチョウが、キタキチョウとミナミキチョウに分けられたんだけど、ミナミキチョウは日本では南の島のごく一部にしか生息してないわ。

アカエグリバ

チョウ目ヤガ科

えぐられた形

生息地 本州～九州　**前ばねの長さ** 22～25㎜

アカエグリバは、枯れ葉をえぐったような形をしているガです。赤茶っぽい色をしていて、ほぼ一年中見ることができ、成虫で冬を越します。また、アケビコノハ（P348）と同じく果物の汁を吸うので害虫としても知られています。夜行性のため、熟したモモなどのにおいを感じ取ってやってくるようです。

ちなみに、夜行性の昆虫は暗い中で活動するため、においを触角で感じ取ることでエサを探したり、オスがメスを探したりすることが多いです。

12/17

ジンメンカメムシ

カメムシ目カメムシ科

力士？ 悪魔？

生息地 東南アジア、インド　大きさ 約30㎜

体の模様が人の顔のように見えるジンメンカメムシ。学名は「悪魔の顔」って意味らしいわよ。髪の毛みたいに見える黒い部分は前ばね。マゲを結ったお相撲さんにも見えるわね。この模様は1匹ごとに違いがあって、鼻の穴が黒く見えるようなものや、悲しそうな表情に見えるものとかもいるんだって。

幼虫は人の顔には見えなくて、頭と胸が青く、腹が赤色。サンタンカって植物の実を吸って成長するわ。そうそう、メスは葉っぱの裏に卵をまとめて産んだあと、幼虫が生まれてくるまで見守ることもあるそうよ。

ゲンゴロウ

コウチュウ目ゲンゴロウ科

昔はたくさんいたのに……

生息地 北海道～九州　**大きさ** 36～39㎜

ゲンゴロウは日本に約130種いるゲンゴロウのなかまの中で一番大きく、一年中見られます。しかし、農薬やブラックバスなど外来種の影響もあり数が激減。多くの都道府県が絶滅危惧種に指定しています。

ちなみにゲンゴロウは、現存する日本最古の昆虫標本（1830年～1844年に作製）の中にも入っています。この標本は江戸近辺でよく見られる種が集められたようなので、江戸時代にはゲンゴロウは比較的かんたんにつかまえられたのかもしれませんね。

12/19

ミドリツヤダイコクコガネ

コウチュウ目コガネムシ科

オシャレ糞虫

生息地 ペルー、エクアドルなど　**大きさ** 約25㎜

ダイコクコガネのなかまは、動物のフンを食べる糞虫（P32）です。写真はミドリツヤダイコクコガネのメス。はねに黒いスジがあり、オスには長いツノが頭に1本、短いツノが胸に2本あります。中央・南アメリカには、ミドリツヤダイコクコガネのようにツヤのあるものや、構造色（P12）によって輝く糞虫もいるんです。「輝く糞虫」って……なんだかすごい言葉ですね。ちなみに、日本で発見された昆虫の化石で最大なのは、ムカシナンバンダイコクコガネの化石（約1500万年前）です。体長は50mmほどで、現在は絶滅してしまっています。

アカシアアアリ

ハチ目アリ科

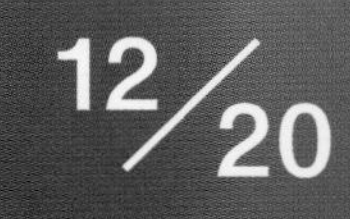

アカシアの思うつぼ？

生息地 アフリカ、中央アメリカ～南アメリカ　**大きさ** 約5㎜

アカシアアリのなかまの巣は、アカシアの木の中にあります。アカシアのトゲのつけ根が大きくふくらみ、空洞になっているのです。また、アカシアは葉っぱから蜜を分泌したり、タンパク質の豊富な粒を出してアカシアアリに与えます。その代わり、キリンなどが葉っぱを食べようとすると、アカシアアリが攻撃して追い払うんです。写真はケニアで撮影された巣です。一説によると、アカシアアリがアカシアの蜜をなめると、ほかの植物の樹液を消化できなくなるんだとか。協力（共生）関係に見えるけど、じつはアカシアがうまくアカシアアリをあやつっているのかも？

12/21

エメラルドセナガアナバチ

ハチ目セナガアナバチ科

毒であやつる

生息地 東南アジア　大きさ 約20㎜

エメラルドセナガアナバチは、「G」を見つけると毒を2回刺すわ。1回目は胸に刺して前あしを麻痺させ、2回目は頭に刺して神経を狂わせるそう。その後、触角を半分にかみ切り、右下写真のように触角をくわえて引っ張ると、Gは素直についてくるんだって。このまま巣に連れて帰り、Gの体に卵を産みつけ、生まれてきた幼虫はGを食べて成長するわ。つまり寄生バチ（P176）ね！

そうそう、Gは「家の中に出る嫌な虫」ってイメージがあるかもしれないけど、Gのなかまのほとんどは森で暮らしてるのよ。

ルリオビアゲハ

チョウ目アゲハチョウ科

クジャクのはねみたい

生息地 ミャンマー〜マレー半島、スマトラ島、ボルネオ島

前ばねの長さ 約50㎜

ルリオビアゲハは、その見た目から「オビクジャクアゲハ」とも呼ばれます。飛ぶスピードが速く、太陽の光を浴びて羽ばたく姿がとても美しいチョウです。ただ、はねの裏側は茶色っぽくて地味です。普段は森の中にいますが、明るい場所で花の蜜や水を吸う姿も見られます。

左下写真はオオルリオビアゲハ。ルリオビアゲハより大きく、飛ぶスピードはゆったりしていて、やや暗い林の中を好むチョウです。

12/23

モーレンカンプオオカブト

コウチュウ目コガネムシ科

ボルネオ限定

生息地 ボルネオ島　大きさ オス：50～112㎜　メス：50～60㎜

ボルネオ島でモーレンカンプオオカブトを調査したドイツの昆虫学者・モーレンカンプが名前の由来よ。見た目はコーカサスオオカブト（P29）やアトラスオオカブト（P51）に似てるわね。でも、上から見るとコーカサスやアトラスより、胸の幅が狭いわよ。

そうそう、モーレンカンプオオカブトはボルネオ島にしかいないから「ボルネオオオカブト」とも呼ばれるわ。「ボルネオ限定」っていわれると、なんだかすごく貴重でカッコよく見えてくるわね。

ゴライアス オオツノハナムグリ

12/24

コウチュウ目コガネムシ科

世界最重量級

生息地　ナイジェリア～ケニア　大きさ　オス：55～110㎜　メス：54～80㎜

ゴライアスオオツノハナムグリは、世界最重量級の昆虫よ。リュウキュウツヤハナムグリ（P135）が16 ～28mmなのに対し、ゴライアスオオツノハナムグリは100mmを超え、体重は80g近くなることもあるの。80gって一円玉80枚分だけど……イメージわくかしら？　森で暮らしてて、すばやく飛ぶわ。ハナムグリのなかまって花の蜜をなめる種が多いんだけど、ゴライアスオオツノハナムグリは樹液をなめるわよ。そうそう、海外のカブトムシ（P29）みたいに、胸と前ばねの間に爪切りみたいなみぞがあるから、はさまれないように気をつけてね！

12/25

バイオリンムシ

コウチュウ目オサムシ科

ギターやうちわにも

生息地 タイ、マレーシア、インドネシア　**大きさ** 60〜90㎜

上から見ると弦楽器のような形をしているバイオリンムシ。バイオリンのボディ部分にあたるのは左右の前ばねです。体は平べったく、厚みは5mm程度。それくらい薄ければ、木の皮の間などにも入り込みやすいですね。普段はサルノコシカケ（キノコ）を食べて暮らし、ちょっとなら飛べるそうです。また、敵に出会うとおしりから臭いにおいの液を出します。もし人間の目に入ると、失明のおそれもあるほど危険なんだとか。ちなみに、英語では「Guitar beetle（ギターのような甲虫）」、日本では「ウチワムシ」と呼ばれることもあります。

ウラニアツバメガ

12/26

チョウ目ツバメガ科

チョウのように美しく

生息地 南アメリカ中北部　前ばねの長さ 約45㎜

　飛び方がアゲハチョウにそっくりなウラニアツバメガ。メイン写真のように水を吸う姿を見てると、ガであることを忘れちゃいそうね。多くのガは夜行性だけど、ウラニアツバメガは昼に活動するわ。群れで移動するのも特徴的ね。

　左下写真は「世界一美しいガ」といわれるニシキオオツバメガよ。マダガスカルの固有種で、このガもアゲハチョウに飛び方が似てるんだって。ツバメガのなかまは主に熱帯地域に生息するガで、日本には二十数種いるわ。

12/27

ミツツボアリ

ハチ目アリ科

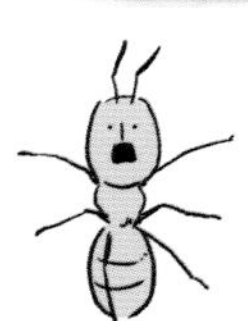

蜜でおなかパンパン

生息地 オーストラリア　大きさ 約10㎜

写真は腹に蜜をためているミツツボアリです。働きアリは、花が咲いた時に蜜を集めたり、アブラムシなどが出す甘露（P128）を集めて貯蓄担当のアリに預けます。すると貯蓄担当のアリは腹に蜜をため込み、腹を大きくふくらませたまま天井にぶらさがり続けるんです。そして食べものが少ない時期に、働きアリはこの蜜を口からもらって栄養をとります。そのため貯蓄担当のアリ以外は、腹がふくらんでいません。時には別の巣のミツツボアリと闘うこともあり、勝ったほうは相手の巣から卵、働きアリ、貯蓄担当のアリを連れ去ります。

グローワーム（ヒカリキノコバエの幼虫）

12/28

ハエ目キノコバエ科

輝くワナ

生息地 オーストラリア、ニュージーランド

大きさ 幼虫：約30㎜　成虫：約10㎜

ヒカリキノコバエの幼虫（左下写真）は、「グローワーム」と呼ばれます。彼らは洞窟の天井に巣をつくり、青白い光を放ちます。その周りには数珠の玉のような透明な糸がぶらさがっていますが、これは口から出した粘液の糸。光に誘われ近づいてきた昆虫が糸に引っかかると、それを食べます。何千匹もが光ると洞窟はまるで星空のようです。ちなみに成虫は光らず、口が退化していて何も食べません。オスは２～4週間、メスは数日で命を終えます。

12/29

ユカタンビワハゴロモ

カメムシ目ビワハゴロモ科

頭がほぼワニ

生息地 中央アメリカ～南アメリカ　大きさ 65～70㎜

900種ほどいるビワハゴロモのなかまの中でも、特に印象的な姿なのがユカタンビワハゴロモ。大きくふくらんだワニのような頭の中は、じつはからっぽなの。この部分を鳥などの天敵に狙わせて身を守ってるのか……理由はまだよく分かってないわ。このワニ頭、英語では「Peanut head（ピーナッツ頭）」って呼ばれてるの。

ユカタンビワハゴロモは、驚くと右下写真のようにはねを開いて、後ろばねの目玉模様を見せつけるんだって。昼間につかまえようとするとすぐに気づかれ、バッタのようにジャンプしたり羽ばたいたりして逃げちゃうそうよ。

マダガスカルオナガヤマママユ

12/30

チョウ目ヤママユガ科

長くてねじれた尾

生息地 マダガスカル　前ばねの長さ 90〜100㎜

マダガスカルオナガヤマママユは、名前の通りマダガスカルの固有種。日本のヤママユ（P48）のなかまです。尾状突起（P25）は150mmほど！　とても長くて、少しねじれているのが特徴です。キリンクビナガオトシブミ（P7）など、マダガスカルには変わった昆虫が多いですね。

ちなみに、東南アジアにはマダガスカルオナガヤマママユより少し小さいオナガヤマママユという種がいます。

12/31

アオスソビキアゲハ

チョウ目アゲハチョウ科

優雅なアゲハチョウ

生息地 インド、インドシナ半島、マレーシア、インドネシア（スラウェシ島から西）

前ばねの長さ 約20㎜

はね全体に青みがかった白い線があるアオスソビキアゲハ。前ばねは20mmほどしかなく、アゲハチョウの中では小さいです。ガラスのような透明な模様がある前ばねで羽ばたき、すそのように長い尾状突起（P25）をなびかせる姿はとても優雅！　生息地では湿地の上を飛び回ったり、ホバリングしたり、地面で水を吸ったりしている姿がよく見かけられます。

ちなみに、はねに真っ白な線があるシロスソビキアゲハもいます。

効率（こうりつ）

しまった!!
ツリーのてっぺんに
星(ほし)つけたいけど
とどかない!!
わたしに
まかせろ!!

テナガ
カミキリさん!!
うお
りゃあー!!
ギリとどくぞー!!

ありがとう
ございました!!
たすかり
ました!!
なーに
このながーい
まえあしがあれば
よゆうさ!!
では!!
さらば!!

ブ
ー
……
「はじめから
とべばええやん…」
そう思(おも)ってしまった
アリなのでした。

【ア】

【カ】

【サ】

【ヤ】

【ラ】

主な参考文献

『小学館の図鑑NEO 昆虫』(小学館) 『小学館の図鑑NEO カブトムシ・クワガタムシ』(小学館) 『日本の水生昆虫』著:中島淳、林成多、石田和男、北野忠、吉富博之(文一総合出版) 『日本のトンボ』著:尾園暁、川島逸郎、二橋亮(文一総合出版) 『新 カミキリムシハンドブック』著:鈴木知之(文一総合出版) 『テントウムシハンドブック』著:阪本優介(文一総合出版) 『アリハンドブック 増補改訂版』解説:寺山守(文一総合出版) 『セミハンドブック』著:税所康正(文一総合出版) 『ハムシハンドブック』著:尾園暁(文一総合出版) 『バッタハンドブック』著:槐真史(文一総合出版) 『鳴く虫ハンドブック』著:奥山風太郎(文一総合出版) 『ハチハンドブック』著:藤丸篤夫(文一総合出版) 『イモムシハンドブック』著:安田守(文一総合出版) 『オトシブミハンドブック』著:安田守、沢田佳久(文一総合出版) 『日本産ハナバチ図鑑』編集:多田内修、村尾竜起(文一総合出版) 『日本の昆虫1400 (1)』監修:伊丹市昆虫館(文一総合出版) 『日本の昆虫1400 (2)』監修:伊丹市昆虫館(文一総合出版) 『世界の珍虫101選』著:海野和男(誠文堂新光社) 『世界で一番美しい蝶図鑑』著:海野和男(誠文堂新光社) 『日本産セミ科図鑑』著:林正美、税所康正(誠文堂新光社) 『増補改訂版 フィールドガイド 日本のチョウ』編集:日本チョウ類保全協会(誠文堂新光社) 『世界でいちばん変な虫 珍虫奇虫図鑑』著:海野和男(草思社) 『世界のカマキリ観察図鑑』著:海野和男(草思社) 『甲虫 カタチ観察図鑑』著:海野和男(草思社) 『増補新版 世界で最も美しい蝶は何か』著:海野和男(草思社) 『世界珍虫図鑑 改訂版』著:川上洋一(柏書房) 『新装改訂版トンボのすべて 増補世界のトンボ』著:井上清、谷幸三(トンボ出版) 『アメンボのふしぎ』著:乾實(トンボ出版) 『昆虫ハンターカマキリのすべて』著:岡田正哉(トンボ出版) 『ナナフシのすべて』著:岡田正哉(トンボ出版) 『フィールド版セミと仲間の図鑑』著:伊藤ふくお(トンボ出版) 『ビジュアル世界一の昆虫』著:リチャード・ジョーンズ(日経ナショナルジオグラフィック社) 『日本産アリ類図鑑』著:寺山守、江口克之、久保田敏(朝倉書店) 『ツノゼミ ありえない虫』著:丸山宗利(幻冬舎) 『きらめく甲虫』著:丸山宗利(幻冬舎) 『とんでもない甲虫』著:丸山宗利、福井敬貴(幻冬舎) 『だから昆虫は面白い くらべて際立つ多様性』著:丸山宗利(東京書籍) 『世界甲虫大図鑑』編:パトリス・ブシャー(東京書籍) 『ずかん 虫の巣』監修:岡島秀治 写真:安田守(技術評論社) 『ずかん さなぎ』著:鈴木知之(技術評論社) 『日本の外来生物─決定版』著:自然環境研究センター(平凡社) 『美しすぎるカブトムシ図鑑』監修:野澤亘伸(双葉社) 『特別展 昆虫 公式図録』野村周平、神保宇嗣、井出竜也、丸山宗利他(国立科学博物館、読売新聞社) 『美しい日本の蝶図鑑』著:工藤誠也(ナツメ社) 『日本昆虫図鑑 学生版』監修:伊藤修四郎 他(北隆館) 『原色日本甲虫図鑑Ⅲ』著:黒沢良彦、久松定成、佐々治寛之(保育社) 『原色日本甲虫図鑑Ⅳ』著:林匡夫 、森本桂、木元新作(保育社) 『世界の美しすぎる昆虫』監修:丸山宗利(宝島社) 『昆虫の不思議』監修:丸山宗利(宝島社) 『ミョ〜な昆虫大百科』著:川崎悟司(廣済堂出版) 『世界チョウ図鑑500種』著:ケン・プレストン・マフハム(ネコ・パブリッシング) 『日本産幼虫図鑑』(学研プラス) 『学研の図鑑LIVE 昆虫』(学研プラス) 『学研の図鑑LIVE カブトムシ・クワガタムシ』(学研プラス) 『日本産蛾類標準図鑑Ⅲ』編集:広渡俊哉、坂巻祥孝、岸田泰則、那須義次(学研プラス) 『東京都のトンボ』著:喜多英人(いかだ社) 『世界のチョウ』著:今森光彦(アリス館) 『世界のふしぎな虫 おもしろい虫』著:今森光彦(アリス館) 『神秘の昆虫 ビワハゴロモ図鑑』著:丸山宗利(エクスナレッジ) 『驚異の標本箱 ─昆虫─』著:丸山宗利、吉田攻一郎、法師人響(KADOKAWA) 『日本原色カメムシ図鑑』著:安永智秀、高井幹夫、山下泉、川村満、川澤哲夫(全国農村教育協会) 『昆虫探検図鑑1600』著:川邊透(全国農村教育協会) 『昆虫No.1図鑑』著:大谷智通(文響社) 『バッタ・コオロギ・キリギリス生態図鑑』著:村井貴史、伊藤ふくお 『世界のセミ200種』(大阪市立自然史博物館) 『世界のタマムシ大図鑑』著:秋山黄洋、大桃定洋(むし社) 『世界のハナムグリ大図鑑』著:酒井香、永井信二(むし社) 『世界のクワガタムシ大図鑑』著:藤田宏(むし社) 雑誌『BE-KUWA』(むし社) 『世界のアゲハチョウ』著:五十嵐邁(講談社) 『トリバネアゲハ大図鑑』著:大屋崇(講談社) 『象虫』著:小檜山賢二(講談社) 『たくましくて美しい糞虫図鑑』著:中村圭一(創元社) 『昆虫はすごい』著:丸山宗利(光文社) 『昆虫はもっとすごい』著:丸山宗利、養老孟司、中瀬悠太(光文社) 『珍奇な昆虫』著:山口進(光文社) 『虫の呼び名事典』写真:森上信夫(世界文化社) 『原色で楽しむ カブトムシ・クワガタムシ図鑑&飼育ガイド』著:安藤“アン"誠起(実業之日本社) 『ファーブル昆虫記6 伝記虫の詩人の生涯』著:奥本大三郎(集英社)

各ページの撮影者

amanaimages

1 2 6 7 8 10 11 12 13 16 17 18 19 20 21 22 23 24 25 26右下 27 28 29 30 31 32 33 34 36 38 39 40 41 42 43 44 45 46 47 48 50 51 52 53 54 55 56 57 58 59 63 64 65 66 68 69 70 71 72 73 74 76 77 78 79 81 82 83左下 84 86 87 89 91 92 97 98 102 103 104 105 107 108 110 111 113 114 115 118 120 121 122 123 128 132 133 136 140 141 142 147 149 150 151 153 158 159 161 165 166 167 168 170 171左下 174 175 176 177 178 179 180 184 185 188 189 191 192 194 195 197左下 198 199 200 201 202 206 207 210 211 212 213 214 215 216 218 219 220 222 223 224 226 227 228 233 237 238 242 243 245 247 248 253 254 259 268 269 270 273 280 282 285 286 287 290 291 292 293 296右下 297 298左下 300 301 302 304 306 308 309 310 311 312 313 314右の下 317 321 324 328 329 331 332 334 336 337 338 339 340 341 343 345 348 349 350 352 353 354 355 357 359 360 361 363 364 365 368 369 370 371 372 373 374 375 376 377 378 379 380 381 382

小島一浩

子供の頃から自然に親しみ、昆虫の生態知識はフィールドワークからの独学。東京都に生息する昆虫にこだわり、特にトンボの生態に魅了され、週末は朝から水辺に向かいトンボにカメラを向けている。ブログ「東京昆虫記」を更新中。

14 15 49 60 61 80 83 85 90 93 95 96 101 109 124 125 134 135 137 138 139 142右下 143 144 145 146 148 154 155 160 163 172 173 181 182 183 186 187 204 205 208 209 221 229 231 232 235 236 239 241 244 246 248右下 249 250 252 255 260 261 264 265 266 267 272 275 276 277 281 283 284 289 294 295 296 298 299 303 305 307 318 319 325 326 327 346 347 356 358 366 367

PIXTA

26 75 94 100 106 112 116 117 119 123左下 126 127 131 152 157 164 169 171 174右下 190 196 197 203 217左下 230 234 240 251 256 258 262 263 271 274 278 279 305左下 314メイン・右の上 315 316 322 323 330 333 335 342 344

飯島和彦

1976年生まれ。カブトムシ、クワガタムシを求めて、国内にかぎらずアジア・南米など各地を精力的に調査する。「iijiman333」というハンドルネームを使いYouTubeで現地の様子を紹介している。

9 35 62 88 362

須田研司

22右下 40右2枚 42右下 87下2枚 286右下 287左下 373左下

近藤雅弘

113右下 129 151左下 156 169左下 217

監修：須田研司（むさしの自然史研究会）

むさしの自然史研究会代表。多摩六都科学館や武蔵野自然クラブで、子供たちに昆虫のおもしろさを伝える活動に尽力している。監修書に『世界でいちばん素敵な昆虫の教室』（三才ブックス）、『じゅえき太郎のゆるふわ昆虫大百科』（実業之日本社）、『昆虫たちのやばい生き方図鑑』（日本文芸社）などがある。

文・構成：ペズル

文筆家。共著書に『もしも虫と話せたら』、『もしもカメと話せたら』、『もしも鳥と話せたら』（以上、プレジデント社）、『366日のにゃん言葉』（三才ブックス）などがある。

イラスト：じゅえき太郎

イラストレーター、画家、漫画家。主な著書に『ゆるふわ昆虫図鑑 気持ちがゆる～くなる虫ライフ』（宝島社）、『ゆるふわ昆虫図鑑 ボクらはゆるく生きている』（KADOKAWA）、『じゅえき太郎のゆるふわ昆虫大百科』（実業之日本社）などがある。

366日の美しい昆虫

2022年8月1日　第1刷発行
定価（本体 2,500 円 + 税）

監　修	須田研司（むさしの自然史研究会）
監修協力	近藤雅弘（むさしの自然史研究会）/ 飯島和彦（甲虫の一部を監修）
文・構成	ペズル
写　真	amanaimages / 小島一浩 / PIXTA / 飯島和彦 / 須田研司 / 近藤雅弘
イラスト	じゅえき太郎
校　正	板敷かおり
デザイン	公平恵美
発 行 人	塩見正孝
編 集 人	神浦高志
販売営業	小川仙丈 / 中村 崇 / 神浦絢子
印刷・製本	図書印刷株式会社
発行	株式会社三才ブックス 〒101-0041 東京都千代田区神田須田町 2-6-5 OS'85 ビル TEL：03-3255-7995 FAX：03-5298-3520 http://www.sansaibooks.co.jp/ mail：info@sansaibooks.co.jp